U0242270

What Is Mathematical Logic?

数理逻辑是什么

【英】John N. Crossley 等 著

夏素敏 闫佳亮 译

中国轻工业出版社

图书在版编目（CIP）数据

数理逻辑是什么／（英）约翰·N.克罗斯利（John N. Crossley）等著；夏素敏，闫佳亮译. —北京：中国轻工业出版社，2018.12 (2020.6重印)

ISBN 978-7-5184-2095-7

Ⅰ. ①数…　Ⅱ. ①约… ②夏… ③闫…　Ⅲ. ①数理逻辑－普及读物　Ⅳ. ①O141-49

中国版本图书馆CIP数据核字(2018)第208656号

版权声明

总 策 划：石　铁
策划编辑：孔胜楠　　　　责任终审：张乃柬
责任编辑：孔胜楠　　　　责任监印：刘志颖

出版发行：中国轻工业出版社（北京东长安街6号，邮编：100740）
印　　刷：三河市鑫金马印装有限公司
经　　销：各地新华书店
版　　次：2020年6月第1版第2次印刷
开　　本：880×1230　　1/32　　印张：5.375
字　　数：65千字
书　　号：ISBN 978-7-5184-2095-7　　定价：32.00元
读者热线：010-65181109，65262933
发行电话：010-85119832　　传真：010-85113293
网　　址：http://www.chlip.com.cn　http://www.wqedu.com
电子信箱：1012305542@qq.com
如发现图书残缺请与我社联系调换
180636Y1X101ZYW

译　者　序

这是一本"小书"，章节不多，篇幅很短。正如本书前言中提到的，几位作者希望能通过这本"小书"向读者介绍数理逻辑中最为重要的那些部分，展示数理逻辑的精彩和活力。这看似简单，实际上很不容易做到，既要考虑内容的选择，又要完善讲解的方式。

本书主体部分共六章，分别介绍了逻辑学发展史概况、谓词演算的完全性、模型论、图灵机与递归函数、哥德尔不完全性定理以及集合论。第一章"历史概览"展示了逻辑学学科的发展史，并将全书选取的几个重点关联在一起，给读者一个整体认知。第二章介绍"谓词演算的完全性"。谓词逻辑是数理逻辑的基本组成部分，完全性是形式系统研究中一个不可或缺的性质，我们希望可以在谓词逻辑系统中得到所有的普遍有效式。实际上，完全性定理带给我们的比期望的还要多。第三章"模型论"从句法研究转入语义研究，讨论了三个独立的主题：带等词的谓词演算、紧致性定理和洛温海姆-斯科伦定理。第四章"图灵机与递归函数"的主线是，在尝试定义可计算性的过程中却导致了计算不可解问题。由于谓词演算的普遍表达力，这个问题就被转化到逻辑中，也因此导致了逻辑有效性问题的广义不可解性。第五章"哥德尔不完全性定理"从希尔伯特纲领引入，指出简单的形式算术就已经把"寻找含且仅含真算术命题的形式系统"的希望打碎了。而后给出了哥德尔不完全性定理的证明思路，这个定理就是要找到那个"真但不可证的公式"。第六章"集合论"采用了尽量非形式的方式给出公理化集合论中的基本概念、公理以及遇到的问题。

　　数理逻辑是一门充满活力的基础学科，各个领域的人们都越来越认识到其重要性。但不可否认，很多人仍然认为数理逻辑太难懂，并且不知如何运用。本书选择的几个主题都是数理逻辑研究中极为重要的部分，这几部分串在一起便回答了"数理逻辑是什么"的问题。对于关注数理逻辑但并不具备数理基础的读者来说，能够起到点拨和指引作用。同样不可否认的是，在这样简短的篇幅内，想要真正达到作者们的既定目标相当困难，特别是对于没有数学训练基础的读者，要真正把握书中的方方面面仍然是有难度的。所以，作者也说，要想深入了解数理逻辑的细节，还需学习一门专业的课程以补充本书所省略的部分。希望这本"小书"能激发更多的人去寻求对数理逻辑的更深了解。

本书原版出版于 1972 年，问世之初，得到了当时许多逻辑学家的肯定和好评。主要作者约翰·N. 克罗斯利（John N. Crossley）是一位声望很高的逻辑学家。全书基于几位作者不同时期在莫纳什大学和墨尔本大学报告过的讲稿逐渐演化而来，曾经得到听众的广泛欢迎。但也正是因为由讲稿汇集和整理而成，本书不可避免地尚存一些问题。实际上，对于原著也存在一些批评之声，认为作者们并未达成最初的目标，或者说写得并没有那么"通俗易懂"。同时也指出，这些批评与本书整体计划的性质无关。作为逻辑学者，向更多的读者讲清楚"数理逻辑是什么"不仅是必要的工作，而且是艰巨的任务。

本书的翻译由夏素敏和闫佳亮共同完成，前者负责前言、第一章、第四章和第五章，后者负责第二章、第三章和第六章以及推荐读物和索引部分。闫佳亮进行了全书的整理和统稿，夏素敏对全书进行了校对。对于本书的翻译完成，还要特别感谢中国社会科学院刘新文研究员提供的原始资料和具体指导，感谢南京大学张建军教授的有益建议，感谢中国人民大学余俊伟教授提出的重要意见。

虽是"小书"，但翻译起来也并非易事，其中肯定还存在一些问题和失误，期待各位读者给予批评指正。

译者

2018 年 8 月

前　　言

　　本书是以克里斯·布里克希尔（Chris Brickhill）和约翰·N.克罗斯利构想出来的讲稿为基础形成的。我们的目的在于介绍现代数理逻辑中非常重要的思想，而略去那些具体的数学细节，后者是进行逻辑专业研究时才需要的。这些讲稿于1971年秋、冬分别在莫纳什（Monash）大学和墨尔本（Melbourne）大学的讲座中报告过，它们得到了听众的广泛欢迎，这也促使我们写成了这本书，我们希望本书能够让没有受过数学训练的人们也能了解到数理逻辑中精彩的方方面面。

　　值得多说两句的是，我们自己在讲授过程中获益良多，听众的反馈也超出了我们的想象。十分感谢莫纳什大学的约翰·麦吉里（John McGechie）副教授和墨尔本大学的道格拉斯·加斯金（Douglas Gasking）教授在这一过程中所给予我们的大力支持，也非常感谢丹尼斯·鲁宾逊（Dennis Robinson）和特里·贝姆（Terry Boehm）对克里斯·布里克希尔在准备这些讲稿时所提供的帮助。最后，我们感谢安妮-玛丽·范登堡（Anne-Marie Vandenberg），她专业的打字工作使本书顺利面世。

约翰·N. 克罗斯利

于澳大利亚艾尔斯岩

1971 年 8 月

目　录

引　论

　　数理逻辑是一门充满活力的学科，我们希望这本有点与众不同的书可以向读者传达这一点。原初的讲稿是由四位作者分别写成的，但经过多次修改之后，现已融为一体。

　　我们希望并相信，任何一个读者将来只要再修一门系统的逻辑课程，就能把书中所给的证明纲要的细节补充完整。

　　尽管第二章、第三章的一些术语在第五章、第六章也会用到，但本书各章在诸多方面都是相互独立的，因此，我们建议，如果你对某一章感到很难理解，那么请暂时跳过这一章，直接看下一章，然后在需要的时候再返回查看。这样一来，你或许会发现原来遇到的困难已经很自然地被化解了。

第一章

历史概览

在错综复杂的逻辑发展史中，既出现过大量难题，也出现过许多新突破，从而使逻辑发展出不同的领域。因此，在第一章中，我们先来描绘一个流程图。简便起见，我们暂不区分各种领域，当你发现一些奇怪的术语时，不用着急——本书后面将给出它的解释。

在我们看来，逻辑史有两条历史悠久的源流：一条是形式推演的发展，毋庸置疑，这可以追溯到亚里士多德、欧几里得以及那个时代的其他一些人。另一条是数学分析的演变，也可以追溯到与上述人物同一时代的阿基米德。这两条源流各自独立地发展了很长时间——直到大约 1600—1700 年间，也就是说，直到牛顿（Newton）和莱布尼茨（Leibnitz）发明了微积分，才终于将数学和逻辑引到了一起。

这两条源流从 19 世纪开始趋于汇合，我们就说大致是在 1850 年前后吧。当此之时，逻辑学家布尔（Boole）和弗雷格（Frege）等尝试为"形式推演实际上是什么"给出一个最终的、明确的答案。虽然亚里士多德曾给出过相当细致的推演规则，但只是用自然语言表述的。而布尔希望推进这项工作，进而建立了一个纯粹的符号系统；弗雷格则更进一步，建立了谓词演算，这对于所有今日之所谓的数学来说已经是足够的逻辑基础了。对此，或许我们还可以再细说几句，毕竟自此之后，符号的使用变得极其重要。为了更好地理解，我们先简单描述一下符号的使用是怎么一回事。

纯逻辑联结词（connectives），如"并且""或者""并非"分别记为：&、∨、¬；另外，我们需要用一些符号（symbol，如 x、y、z 等）来表示变项，用符号 P、Q、R 等表示谓词（或者说性质、关系）。用这些符号可以构造出公式，如 $P(x) \vee Q(x)$，这个公式是说 x 具有性质 P 或者 x 具有性质 Q，而这一公式又可以用 $\forall x$ 以及 $\exists x$ 来进行量化，前者表示"对于所有 x"，后者表示"存在一个 x"。这样，$\forall x\, P(x)$ 说的就是每一个 x 都具有性质 P。

现在，只要选择恰当的谓词符号，任何数学领域都可以翻译到这一语言中来，如算术（arithmetic）。我们可以表达作为变项所指对象的数字，还可以表达数字间各种各样的性质，比如，两个数之间的相等、第三个数是前两个数的和等关系。如此一来，很快你就能说服自己相信数论中我们耳熟能详的那些命题都可以用这些谓词写出来，比如整除、素数或者一个数是否另外两数之和等。弗雷格给出了在这一语言中进行推演的规则，将上述所有要素结合在一起，得到的便是谓词演算

（predicate calculus）。

　　与此同时，牛顿在研究中引入了两个概念——导数（derivative）和积分（integral），而后，人们对这两个概念的意义进行了长达两个世纪之久的争论，原因就在于他谈到了无穷小（infinitesimals）。许许多多的人并不相信牛顿的这些理论，认为它们是矛盾的。诚然，它们之间确实存有相悖的地方。但即便如此，牛顿还是得到了正确的结论，并且为了找寻得出正确结论的原因，他廓清了这些概念。这要归功于鲍尔察诺（Bolzano）、戴德金（Dedekind）以及康托尔（Cantor）。（这就把我们引到了 1880 年左右。）他们认识到，为了恰当地处理导数和积分，必须考虑、而且必须精确地考虑无穷集合。想回避无穷集合是不可能的。这就是集合论的起源。

　　值得指出的是，康托尔是为了解决某个分析（analysis）中的问题而进入集合论的，而不是为了定义自然数（natural number）或者当时人们使用集合论来做的任何其他事情。他最初的动机是分析无穷的实数集合，我们认为，这才是集合论的真正领域：解决无穷集合这一类的问题而非几个初始概念的定义问题。这个问题是可以解决的，并且已经被弗雷格解决了（但事实上是以一种不相容的方式做到的，只不过其中的不相容是后来由罗素指出的）。罗素那时候专注于"数学不过就是逻辑学"这一命题。逻辑之于罗素意味着很多，比我们今天能

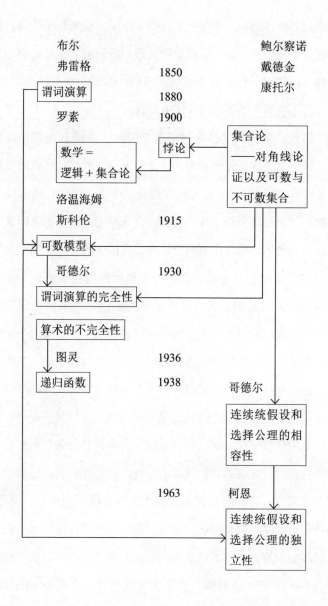

考虑到的要多得多。实际上，我们可以说，他所证明的是，数学就是逻辑与集合论。也就是说，假如我们有了充足的耐心和足够长的定义，任何数学领域都可以用逻辑和集合论来定义，所有的证明都可以在谓词演算中实现。

当然，康托尔直接跳过了这个阶段。他没有拘泥于去解决分析中的问题；他感兴趣的是集合本身，并且他也真的发现了集合自身的迷人之处。（他在集合论中得出的结论确实反过来助益了最初的分析工作，我们一会儿就会明白是怎么回事。）康托尔所得出的结论中有两个证明，我们认为，在这里至少应该把这两个证明介绍给读者，因为他所使用的论证完全是革命性的，并且从那以后，这些论证方法渗透到了整个逻辑领域。并且我们觉得大多数定理都可以追溯到下述的这两个论证之一。康托尔在考虑无穷集合的时候，很快就意识到大多数无穷集合（全部）与自然数组成的集合相似，"相似"的意思是：这些集合与自然数集之间可以建立一一对应。伽利略在研究相对简单的偶数情况时就已获知了这一点，但是偶数与自然数之间所存在的对应关系却使他忧心忡忡，因为他认为这一概念不仅毫无意义，还会导致无法描述无穷集合的不同大小。但是，康托尔对此并不感到困扰，他认为我们仍然可以说两个集合具有相同的无穷大小，然后来看到底还有多少集合可以和自然数集合匹配起来。他的第一个重大发现便是，有理数（rational number）和自然数可以建立一一对应。（有理数都可以写成分数形式 p/q，其中 p、q 都是自然数且 $q \neq 0$。）

这一结论令人极其震惊，因为我们都知道，有理数在直线上是稠密分布的，也就是说，在任意两个有理数之间还有一个有理数。因此，当你从左边开始数的时候，你到达任意一处之前就已经用完了所有的自然数。康托尔的方法是，他认为有理数可以按下表中的方式排列：

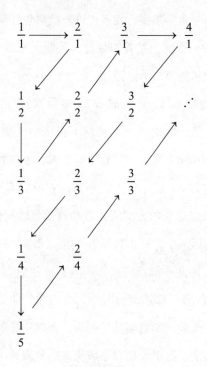

所有分母为 1 的有理数排在第 1 行，分母为 2 的排在第

2 行，如此等等。并且此表将包含所有有理数。现在，我们这样来数它们：从左上角开始，沿着箭头方向弯弯曲曲地数下去。因此，该列表将按照 $\frac{1}{1}$, $\frac{2}{1}$, $\frac{1}{2}$, $\frac{1}{3}$, $\frac{2}{2}$, $\frac{3}{1}$, $\frac{4}{1}$, $\frac{3}{2}$, ... 的方式排列下去。使用这一方法将不会导致遗漏，每一个有理数都会被指派一个自然数（指示其在列表中位置的那个数）。这是康托尔的首个发现。一条直线上的一个稠密集依然是可数的，鉴于这一极不寻常的事实，读者也许开始料想任何一个无穷集合都是可数的。情况当然并非如此，可能大家都已经知道了，而这就是康托尔的第二个论证。

现在来看实数（real number），实数对应于直线上的点（线上所有的点，形成一个连续统）可以由无穷小数展开式（decimal expansion）来表示，且一般来讲，小数展开式也得是无穷的（例如，$\sqrt{2}$ 是一个无穷小数，它没有有穷表示）。因此，我们应该以这样的方式将实数和自然数之间做一个对应：通过把 0 匹配给某个无穷小数作为开始。（我们只是考虑 0 和 1 之间的实数，因此小数点之前不再有其他的数。）然后把 1 匹配给某个无穷小数，2 匹配给某个无穷小数，如此等等。我们希望能获得一个包含所有实数的列表。但是康托尔认为，无论你尝试何种方法，这个希望总会破灭。这是因为，对于任意一个给定的列表，我们可以通过在第一个小数位置写下一个不同的数来构造出与第一个数不同的数字，在第二个小数位置写下不同的数从而构造出与第二个数不同的数字等，依此类推，就会得到一个无穷小数，它不同于所给列表中的任何一个数。并且无论这个列表是怎样的，这一方法总是可行的。因此，在实数与自然数之间不能建立任何对应，于是我们就找到了一个比自然数更大的无穷集合。

康托尔也曾详细阐述过这一论证，简单叙述如下：任取一个集合 S：你无法在 S 与它所有子集组成的集合即 $\{T:T \subseteq S\}$ 之间建立一个一一对应。这里的论证与前述论证是一样的，只是看起来有点区别。这一次我们将要做的是构造一个可以不严谨地称之为 S 元素的列表。它们可能不是一个可列举的集合，但是试想一下，我们将以某种方式把 S 的元素与 S 的子集匹配起来。并且令 T_s 为匹配元素 s 的子集。之后，康托尔立即构造出一个不在列表上的子集 U，其组成元素 s 匹配的都是它们所不属于的子集。现在，如果你对它稍加考虑就能明白，我们其实是让 U 不同于每一个子集 T，原因在于 T_s 的元素中或者包含 s 或者不包含 s。在这两种情形中，我们都可以用元素 s 将 U 与 T_s 区别开来。如果 s 在 T_s 中，我们就把 s 置于 U 之外。如果 s 不在 T_s 中，我们就把 s 置于 U 之中。这样，S 的子集会比那些能够与 S 中元素一一匹配的集合更多——任一匹配都省略了一个之前所描述的集合 U。

　　现在，你可以在这一论证中再进一步：假设 S 是论域中所有集合的集合。取 S 的子集——另一个集合，或者说它应当是另一个集合。这一论证似乎是说，如果你从论域中所有的集合开始，然后取所有的子集，那么你就可以得到更多的集合。但是你得到的不可能比论域中的更多。虽然康托尔已经意识到这一问题，但他安之若素，这足以显示他敏锐且深刻的见地。罗素也同样发现了这个问题，并且为此非常焦虑。这就是恶名远播的罗素悖论（Russell's paradox），或者说与罗素悖论非常似的东西。

　　因此，集合论在这一点上似乎非常不靠谱，这直接危及到把数学归约为逻辑和集合论的规划。"清理集合论的基础使得悖论不再出现于其中"旋即成为数学家的首要任务。无论如何，我们必须把所有集合的聚合与集合本身区别开来。实际上这很容易办到，只要你坚持用已知的初始物——自然数和实数——构造集合，那么这种构造就无法停止，你总会觉得可以继续提升层次，因而无法穷尽整个论域，唯一能做的就是将其看作集合。现在的思想是策梅洛（Zermelo）于 1908 年左右提出的。罗素也做了类似的事情，虽然他的方法从技术上讲较为生硬，今天也都很少使用了。1922 年，弗兰克尔（Fraenkel）和斯科伦（Skolem）的工作最终使这一思想趋于完善，这就是公理集合论，它能避免上述问题。

　　大约在同一时间，伴随着把数学归约到一种符号语言这一构想，逐渐出现了另一个问题。迄今为止，我们头脑里已经有了某个研究论域，它可能是自然数，也可能是经过分析形成的仅使用符号的形式理论（formal theory）。这个论域的形式化程度很高，高到其中所有东西都是机械的。这一论域的所有命题都是一系列的符号。在这些符号上进行的机械运算形成推演，由此得到的东西称为定理（theorem），这些定理都是关于论域的真命题。一切看起来都很美好。但是，当我们只有一组符号的时候，它们容许多种不同的解释［或者说是我们所谓的模型（model）］，有些解释可能与起初我们所想到的论域完全不同。因此，谨慎起见，我们还得考虑该理论的其他模型，如果有的话。1915 年，洛温海姆（Löwenheim）证明了确实存在预想之外的解释这一决定性结果，后来又被斯科伦加以明确化。这一结果顺理成章地被称为洛温海姆–斯科伦定理（Löwenheim-Skolem theorem）。

　　这个结果饶富趣味，值得专门谈一谈，所以让我们多说几句。简明地说，洛温海姆–斯科伦定理说的是，每个理论都有一个可数模型（countable model）。这实在令人惊讶，因为我们已经有了许多不可数集及其相关理论，如实数理论，都被看作关于不可数论域的。因此，对于那些绝对没有预期到的公理，我们也有模型。在此可以简要介绍这一结论的形成。首先，我们发现语言确实是唯一可数的东西——它们仅仅是一些有穷的符号串，如果具体运用前面给出的实数枚举法，我们能够列出一个理论中的所有命题。现在来看设定的论域以及公理实际定义的东西。公理可以定义某些对象从一开始就存在，例如，在谈论自然数的时候，公理可以定义零存在。要分析它们能谈论的其他东西，粗略地说，也就是这样一些东西：如果什么东西存在，那么某某其他东西必定存在。因此，要满足这些公理，实际上所需的东西并不太多。我们只能从初始对象出发，接着是初始对象形成的东西，然后是因此又形成的东西，这样就构造起一个框架，其中仅含可数多个点。这是可能的，因为就某个论域而言，如果我们只能谈论其中可数多个事物，那么满足那些命题也只需可数多个对象即可。

　　显然，它在很长一段时间内没有引起人们的注意，却一直困扰着人们。当然，它在集合论中可以成立，因为其中假设了不可数多个对象存在。但是，既然集合论公理可以证明不可数集合的存在，那么它们又是如何在可数论域中得以满足的呢？这种事态被称为"斯科伦悖论"（Skolem's paradox）。当然，这并非一个真正的悖论，后来也得到了解决。但是，如果任何理论可以有可数模型，同时又存在关于不可数事物的理论，那么这似乎就成为悖论了。我们不得不问：与模型相关的"可数"是什么意思呢？第三章将处理这个问题。不过这个问题非常有启发性，因为后来由此又引出了极好的定理。

至此（1920 年），实际上直到 1930 年，人们一直运用谓词演算进行逻辑推理，但与此同时并不能确定能否由此得出全部的有效命题。对洛温海姆-斯科伦定理进行研究而推演出的论证恰与谓词演算的完全性证明相似，至少就某些表述来说是这样的。这称得上是另一个里程碑式的事件，也是哥德尔（Gödel）证明出的首个重要结果，且不是最后一个。"完全性"（completeness）到底指的是什么？完全性是指，如果存在一个带谓词符号、变项以及量词的语言，那么无论如何解释这些符号，总有一些东西在该语言中是有效的。例如，不管性质 P 所指为何，也不管变项的论域为何，$\forall x P(x) \rightarrow \exists x P(x)$ 总是确定为真（其中，"$\rightarrow$"表示蕴涵）。谓词演算的目的就是机械能行地产生所有逻辑有效式，而哥德尔成功地证明了它是完全的，从而使得谓词演算达到了自身的目的。

不久之后，哥德尔又在 1931 年证明了有关不完全性的颠覆性结论：即使在算术中，不完全性仍然存在。这里说的算术是指前面略述的理论，我们可以在其中证明自然数的相关命题以及用加法、乘法运算可定义的性质。因此，对于形式算术系统，我们的目的自然就变成了想要证明有关自然数的所有真结论。但是哥德尔表明，无论从什么形式系统入手，我们都无法达到这个目的，并且在最初的系统中总是存在既不能被证明也不能被否证的算术语句。为了证明这个结论，哥德尔融合了大量的论证方法：其中一些可追溯至康托尔的对角线论证方法；另一个方法是利用数字，也就是用系统自身的陈述，来表示形式系统中符号的性质。因此，从某种意义上讲，系统可以谈论自身了。他还用简单的函数，如用加法、乘法来定义其他函数，并由此构造出越来越多的且都能在算术中得到定义的复杂函数，他用如此精妙复杂的演算装置成功地将公式与符号进行编码。自此，人们开始关注这种函数本身，也就是递归函数（recursive function），其更明确的定义形式于 1936 年前后被给出。下面将尝试简明地解释什么是递归函数。一言以蔽之，递归函数就是一个可计算函数（computable function）。对任意一个人来说，用一些简单的工具就能计算出哥德尔所使用的函数。比如，任何人都能计算出两个数的积与和或者第 n 个素数（这稍微有些复杂，但是可以做到）。而真正令数学家们关心的则是哥德尔函数能否涵盖所有的可计算函数。在相当长的时期内，他们并不确信这一点，从而产生了大量定义可计算函数的其他方法。

其中最重要的一个方法归功于图灵（Turing），他描述了一种计算机器，并且论证了人能做到的计算，同样能被某个这样的机器做到。首先，他解析了人进行计算时的所有步骤：写下一些东西，浏览符号串，做记号，回到之前已经完成的东西，做出列表，等等。之后，他设计了一种能以十分简单的方式完成所有计算步骤的机器。这个机器只需看到读写带上的方格并确定其中的符号。在看到一个方格的同时，它能够移动到其左右两边的方格上并可以改变其中的符号。当它看到某个特定的符号时，会有一个程序指挥它如何去做，且这个程序是有穷的。这就是这个机器所要做的全部（详见第四章）。图灵机（Turing machine）的概念与哥德尔定义算术语言的概念是相容的。而其他人所探索的其他方法［例如，丘奇（Church）也定义了可计算函数］也都达至了与上述相同的概念。因此，他们最终确定这些概念所定义的就是可计算函数。这一结论非比寻常，因为原本没人能想到像可计算性这样的模糊概念能被精确定义，但事实上却真的给出了精确的定义。这是个意外收获，所有之前不能做到的事现在都能做了。我们第一次可以去证明那些不可解的东西。

何谓具备一个算法（algorithm）或者说一种解决问题的方法？举例来说，我们都知道如下解答二次方程式的算法：方程 $ax^2+bx+c=0$ 的解是：

$$x = \frac{-b \pm \sqrt{b^2 - 4ac}}{2a}$$

只要知道了 a、b、c 分别是什么数字，就能机械地计算出结果。因此，我们可以做出一个实现这项工作的机器，它能解决所有有穷二次方程，所有步骤都是机械能行的。

当然，也存在一些尚未找到机械解决方法的问题。比如，对于一个给定的数学命题，我们显然无法机械地判定它是真是假。但我们现在已经知道什么是机械方法了，所以类似数学命题的真假这种问题第一次可以被证明或否证。虽然结果仍有可能被证明为没有机械能行的方法去判定数学命题之真假等类似的问题。

那么，对于谓词演算又如何呢？我们有办法能找到所有有效语句，但是却不知道如何判断一个句子是否有效，我们能做到的只是：如果一个句子是有效的，那么我们最终一定能证明它。丘奇证明了谓词演算中不存在判定真假的机械方法。这就是谓词演算的不可判定性定理（undecidability theorem for predicate calculus）。自此，有一批不可判定性结论被陆续地发现，而且对于所有数学理论，如果将之视为一个整体，那么它也是不可判定的。一旦不可判定概念得到精确定义之后，一些较小的理论，如算术、群论和其他困扰数学家数十年的问题，都最终被证明是不可判定的。递归函数理论本身的发展有多个方向，其中一些将在后面的章节中讲到（特别是第四章）。

现在让我们回到集合论。1938 年，集合论出现了新的进展。哥德尔（再一次）证明了两个特殊公理的相容性，后面再讲解此事。这就是选择公理（axiom of choice）与连续统假设（continuum hypothesis）。选择公理说的是一件非常不足道的事。我们可以试着画一幅图来表述这个公理，就能看到它完全不值一提。这个公理说的是，如果我们有一个由集合构成的集合，那么就存在这样一个集合，它由每个作为元素的集合中的一个元素为元素。在图中把这个公理画出来，没有人会有异议，看起来太明显了，但它却是许多定理的证明中不可或缺的，少了它很多东西就无法被证明。例如，有一个非常古老的定理，即如果有一个无穷集合，其中包含不可数多个子集，计数无穷子集的方法是从中取一个元素作为起始，由于这个集合是无穷的，因此我们所取元素的左边总有更多元素，这样我们又要往左取另外一个，但是它的左边还有元素，且这是个无穷的集合，所以我们再取第三个，但是情况还是一样。

这里我们正在做的是构造一个选择的无穷序列，但是实际上我们并没有无穷序列的定义，这很令人困扰。是的，它困扰了我们，但是很多数学家却不以为然。再看另外一个例子：我们是否能够定义一个函数 f，使得如果 X 是任意实数集合，则 $f(X)$ 为 X 的元素？当我们尝试解答这个问题的时候，我们首先想到的也许是取出 X 的最小元素。但是这样做毫无意义，因为大部分实数集合不存在最小元素。例如，大于 0 的实数所构成的集合，就不具有最小元素。因此，这不是函数 f 的恰当定义。你也可以找更多更复杂的函数进行类似上述的定义，以供消遣，例如，取小数展开式，找到它们的性质，但结果还是一样，总是不能成功定义出想要的那个函数，即使它的存在看起来是那么明显。唯一证明这个函数存在的方法就是使用选择公理。因为数学家们常常需要这样的函数，所以，在1900年以来的很长一段时期内，他们一直在使用选择公理。并且它也是哥德尔所证的第一个具有相容性的公理。换句话说，我们无法否证它。

另一个是连续统假设。这是康托尔的猜想，且直到今天仍然是个猜想。康托尔发现，实数构成的集合要大于自然数集，但是似乎无法找到大小介于两者之间的集合，于是他立即想到，如果连续统是下一个最大的无穷集的话就好了。这个猜想就是所谓的连续统假设。尽管是个猜想，但他还是给出了很精确的表述。而哥德尔证明了连续统假设也是相容的。

最后要提到（时间一下子跳过好多年，这里要说的事情发生在1963年）的是：柯恩（Cohen）（见第六章）证明上述两个公理的否定也是相容的。不过这一点也尚未得到证明。两个公理的真假问题悬而未决，因此，我们完全留待未来的研究吧。

第二章

谓词演算的完全性

我们将在本章证明谓词演算的完全性（completeness of predicate calculus），也就是说，我们可以在谓词演算中证明的命题刚好就是那些确实为真的命题。假定读者至少碰到过一个谓词演算的形式化中所包含的某些思想，这样一来，我们的处理就会相应地简练一点。

考虑下述句子：

（ⅰ）如果 x 是 y 的一个祖先并且 y 是 z 的一个祖先，那么 x 是 z 的一个祖先。

把"→"看成"如果……那么……"，把"&"看成"并且"，把"$P(x, y)$"看成"x 是 y 的一个祖先"，于是（ⅰ）可以在谓词演算中形式化为：

（ⅱ）$P(x, y) \& P(y, z) \to P(x, z)$

如果我们想说每个事物都有一个祖先，我们就要运用全称量词"∀"来表示"对于所有的"以及特称量词"∃"来表示"存在"或者"至少有一个"，并写成：

（iii）$\forall y \exists x P\,(x,\,y)$

　　这是谓词演算形式化的又一个例子。有了这两个例子在脑海中，现在我们来正式描述谓词演算。为了便于操作，我们考虑的形式系统 PC 是只带一个谓词 $P\,(x,\,y)$ 的谓词演算。实际上，我们将要做的对于包含更多谓词符号［如 $Q\,(x,\,y,\,z)$ 等］的系统同样适用（只是更复杂一些），对于包含函数符号和常项符号的也同样适用。

形式系统 PC

　　1. PC 的字母表：可数无穷多个个体变项 v_1，v_2，v_3，... 以及一个二元谓词字母 P。两个逻辑联结词 ¬（并非）和 &（并且）。一个量词符号 ∃（存在）。三个辅助符号：左括号"（"、逗号"，"和右括号"）"。

　　2. 我们按照下述规则使用上述符号来构造出 PC 的（合式）公式：

　　　　（a）如果 x，y 是个体变项，那么 $P\,(x,\,y)$ 是 PC 的一个公式；

　　　　（b）如果 ϕ，ψ 都是 PC 的公式，那么 $(\phi\,\&\,\psi)$ 和 ¬ψ 也是 PC 的公式；

（c）如果 x 是一个个体变项，ϕ 是一个 PC 的公式，那么 $\exists x\phi$ 也是一个 PC 的公式；

（d）除了满足（a）、（b）和（c）的公式之外，其他的都不是公式。

为了简便起见，我们的字母表中只用到了 ¬、&、∃。这就是说，我们可以用这三个符号把其他常用符号 ∨（或者）、→（蕴涵）、↔（等值）以及 ∀（对于所有的）定义出来：

$(\phi \vee \psi)$ 定义成 $\neg(\neg\phi \& \neg\psi)$

$(\phi \rightarrow \psi)$ 定义成 $\neg(\phi \& \neg\psi)$

$(\phi \leftrightarrow \psi)$ 定义成 $((\phi \rightarrow \psi) \& (\psi \rightarrow \phi))$

$\forall x\phi$ 定义成 $\neg\exists x\neg\phi$

一个变项（variable）称为约束的（bound），是说它被一个量词所管辖。如果变项不是约束的，则称为自由的（free）。例如，公式 $\exists xP(x, y)$ 中的 x 是约束的，而 y 是自由的。

约束变项如果处理得当，那么可以毫无损失地被替换。也就是说，我们可以改换变项，新变项的选择需要注意，要保证不约束旧变项的量词也不约束新变项。如果 PC 的一个公式不包含自由变项，那么我们就说它是一个句子（sentence）。

解释

考虑下述 PC 句子：

（iv）$\forall x \forall y\,(P\,(x,\,y) \to P\,(x,\,y))$

（v）$((P\,(x,\,y)\,\&\,(P\,(y,\,z) \to P\,(x,\,z)))$

（vi）$\forall y \exists x P\,(x,\,y)$

如果我们把 P 解释为祖先关系，并且论域为所有人，包括活着的和逝去的所有人，那么，（iv）、（v）和（vi）都是真的。在这一解释之下，这些句子可以读作：

（iv）对于所有的 x 和 y，如果 x 是 y 的一个祖先，那么 x 是 y 的一个祖先。

（v）如果 x 是 y 的一个祖先并且 y 是 z 的一个祖先，那么 x 是 z 的一个祖先。

（vi）每个人都有一个祖先。

如果我们把 P 解释成自然数（1，2，3，…）上的 $>$ 关系（大于关系），或整数（…，–2，–1，0，1，2，…）上的 $<$ 关系（小于关系），这些句子仍然是真的句子。但是，如果 P 被解释成自然数上的 $<$，那么（vi）就是假的了。而如果 P 被解释成所有人构成的论域上的 "__ 是 __ 的父亲"，则（v）为假。然

而，不管怎样解释 P，（iv）将永远为真。PC 中还有很多这样的句子，它们被称为普遍有效式（universally valid formula）。

完全性问题

如果我们在 PC 这样的一个语言中选出有穷多个公式作为公理或者公理模式（选出来的公式），并且选出有穷多条推演规则（rules of inference，即从给定的有穷公式集合推出一个公式的方式），我们就得到一个形式系统。（由于我们没有给出所有的形式细节，因此读者不要太纠结于某些具体的公理，但在本章的最后，我们将给出谓词演算的公理集和推演规则集。）

在接下来的内容中，为简明起见，我们现在考虑的谓词演算仅含一条推演规则［即分离规则（*modus ponens*）：从 ϕ 和（$\phi \rightarrow \psi$）推出 ψ］。按照推演规则经由有穷多步从公理和之前推出的公式所得出的公式称为定理。现在给出完全性问题的表述：我们如何给出有穷多的公理或者公理模式，运用推演规则将刚好得出所有的真公式？

在解答这个问题之前，我们还需要认真考虑一下"在一个解释中为真"（truth in an interpretation）这个概念的含义。一个公式在一个解释 $\mathscr{A}$ 中为真究竟是什么意思？我们所说的公式是 PC 中的所有公式，不管其中包含了自由变项与否（也就是说，不管它们是不是句子，因为不含自由变项的公式即为句子）。根据 PC 公式的前述定义，我们可以一步一步地给出"在一个解释中为真"的定义。但这样的话立刻会出现一个难题：当 P 被解释成"＿的祖先"时，我们为 x 和 y 给定某些值的时候，$P(x, y)$ 为真，而对其他的值则为假。例如，祖先关系对某些个体变项序对成立而不对其他序对成立。这意味着我们在解释自由变项时必须为它们指定特殊的值。对于约束变项则不存在这个难题。

下面开始给出我们的定义。形式系统 PC 的一个解释是，一个结构 $\mathscr{A} = \langle U, R \rangle$，其中 U 是一个集合（一定不能是空集），其元素是 a，$a_|$，$a_{\|}$，... 等，R 是 U 上的一个关系。U 称为这个解释的论域，并且我们将把谓词字母 P 解释为 R，因此 R 本身也是二元的。

现在把 U 的元素指派给 PC 的所有个体变项，PC 的每个变项最多只能指派一个元素，不能多于一个。（但是，我们可以把 U 的一个元素指派给两个或者更多的变项。）举例来说，把 a_1 指派给 x，a_2 指派给 y，……（x，y，... 都是 ϕ 中的自由变项），"ϕ 在 $\mathscr{A}$ 中被这个指派所满足"就是说 U 上对应于 ϕ 的关系（即当 ϕ 中的每一个 P 都被替换成 R 时）对于指派给 ϕ 的自由变项的元素成立。在这一情形下，我们写成：

$$\mathscr{A} \vDash \phi[a_1, \ldots]$$

其中，方括号中的序列包含了给 ϕ 中自由变项的所有指派。

这样，对于 PC 的解释 $\mathscr{A} = \langle U, R \rangle$，我们有：

1. $\mathscr{A} \models P(x_1, x_2)[a_1, a_2]$，当且仅当，$a_1$ 与 a_2 具有关系 R（可以记为 $a_1 R a_2$ 的形式）。

2. $\mathscr{A} \models \neg\phi[a_1, \ldots]$，当且仅当，并非 $\mathscr{A} \models \phi[a_1, \ldots]$。

3. $\mathscr{A} \models (\phi \,\&\, \psi)[a_1, \ldots]$，当且仅当，$\mathscr{A} \models \phi[a_1, \ldots]$ 并且 $\mathscr{A} \models \psi[a_1, \ldots]$。

4. 如果 $\psi(x_1, \ldots, x_n)$ 形如 $\exists y\, \phi(x_1, \ldots, x_n, y)$，那么 $\mathscr{A} \models \psi[a_1, \ldots, a_n]$ 当且仅当 U 中有一个 b 使得 $\mathscr{A} \models \phi[a_1, \ldots, a_n, b]$。

如果对于 ϕ 中自由变项的每一个可能指派都有 $\mathscr{A} \models \phi[a_1, \ldots]$，那么我们写成 $\mathscr{A} \models \phi$。如果 $\mathscr{A} \models \phi$，那么 ϕ 被说成是在 $\mathscr{A}$ 中为真。如果对每一个解释 $\mathscr{A}$，$\mathscr{A} \models \phi$ 都成立，那么 ϕ 就是普遍有效的，写成 $\models \phi$。

如果 ϕ 不包含自由变项，即如果 ϕ 是一个句子，我们说 $\mathscr{A} \models \phi$ 当且仅当对于某个选择 $a_1, \ldots, a_n$ 有 $\mathscr{A} \models \phi[a_1, \ldots, a_n]$。（很容易看到，这个选择是无关紧要的。）

下面给出一个例子，来具体看一下上述定义和理论。取解释 $\mathscr{A} = \langle W, A \rangle$，其中 W 是由人所组成的论域，A 是定义在 W 上的祖先关系。考虑公式 $\exists x P(x, y)$。假定 b 和 c 是人。那么：

$\mathscr{A} \vDash \exists x P\ (x,\ y)\ [\,b\,]$，当且仅当，对于 W 中的某个 c，使得 $\mathscr{A} \vDash P\ (x,\ y)\ [\,c,\ b\,]$

后者要成立的话，当且仅当，对于 W 中的某个 c，有 cAb；而这总是成立的：对于每一个 b，总有某个人是 b 的祖先，因此 W 中总有一个 c，使得 cAb 成立。因此，有 $\mathscr{A} \vDash \exists x P\ (x,\ y)$。也就是说，$\exists x P\ (x,\ y)$ 在 $\mathscr{A}$ 中为真。

留一道题目请读者练习：取 $\mathscr{N} = \langle N,\ < \rangle$，其中 N 是自然数集，证明 $\mathscr{N} \nvDash \exists x P\ (x,\ y)$。［这里，$\mathscr{N} \nvDash \exists x P\ (x,\ y)$ 的意思是说，并非 $\mathscr{N} \vDash \exists x P\ (x,\ y)$］。

如果 Σ 是 PC 的一个句子集合，$\mathscr{A}$ 是一个解释，使得对于 Σ 中的每一个句子 ϕ，都有 $\mathscr{A} \vDash \phi$，那么 $\mathscr{A}$ 被说成是 Σ 的一个模型。

现在我们的目标是找到一个形式系统，可以由它得到所有的普遍有效的公式。也就是说，我们必须把一些公式作为公理并选择一条或者多条推演规则，使得由它们生成的定理就是所有（并且仅仅所有）普遍有效式（此处"所有"是为了完全性，而"仅仅所有"是为了保持系统的相容性）。一旦我们有了公理和推演规则，我们就可以将 PC 中的一个证明形式地定义为一个有穷的公式序列，使得其中的每个公式或者是一条公理或者是由序列中排在它之前的公式由推演规则得到的。任何一个证明的最后一行都可以称为一条定理；如果 ϕ 是一条定理，则写成 $\vdash\phi$。

我们经常需要为给定的系统附加特别的公理，以便在更大的系统中构造证明。如果 Σ 是一个公理集，将 Σ 中的句子作为公理附加到初始的谓词演算公理集中便得到一个系统，如果 ϕ 在这个系统中可证，则记为 $\Sigma\vdash\phi$。

    定理：如果 Σ 是相容的，那么，若 $\Sigma\nvdash\neg\phi$，则 $\Sigma+\phi$ 是相容的。（我们将"并非 $\Sigma\vdash\neg\phi$"记为"$\Sigma\nvdash\neg\phi$"；$\Sigma+\phi$ 指的是 Σ 加上附加公理 ϕ。）

换句话说，如果 $\Sigma+\phi$ 是不相容的，那么 $\Sigma\vdash\neg\phi$。

    完全性定理：ϕ 是可证的，当且仅当，ϕ 是普遍有效的；换言之，$\vdash\phi$，当且仅当，$\vDash\phi$。

现在，当选取一些公理后（如本章最后列出的那些），我们会发现，每一条公理的普遍有效性都可以直接被验证，并且推演规则的普遍保真性也可以得到验证，即从普遍有效的前提得出的结论仍然是普遍有效的。验证的方法很简单，只是稍显烦琐。由此，我们就保证了所有的定理都是普遍有效的。这样就证明了，如果 ⊢φ，则 ⊨φ。同时也就证明了谓词演算的相容性，原因在于，如果 ⊢φ 且 ⊢¬φ，则有 ⊨φ 且 ⊨¬φ，也就是说，φ 和 ¬φ 都是普遍有效的，而这是不可能的。

为了证明完全性，我们需要证明：如果 ⊨φ，则 ⊢φ，或者等价地说，如果 φ 不是一条定理，那么 φ 就不是普遍有效的。因此，我们所要做的证明是，如果 ⊬φ，那么 ¬φ 有一个模型，因为 ¬φ 有一个模型的必要条件是 φ 并非普遍有效的。再由上述定理得出，如果 ⊬φ，那么 {¬φ} 是相容的。于是我们所需要做的就变成了证明下述定理。

哥德尔-亨金完全性定理

如果 Σ 是一个相容公式集，那么，存在一个解释 𝒜 使得：对于 Σ 中所有的公式 ψ，都有 𝒜⊨ψ。

假如把 Σ 看作仅由 ¬φ 这样一个句子构成的公式集，那么我们就已经证明了：如果 ¬φ 是相容的，那么 𝒜 是 ¬φ 的一个模型。这又蕴涵了 φ 在 𝒜 中为假，因此 φ 不是普遍有效的。接下来我们简要地描述这个定理的证明思路，首先给出证明中的步骤，然后详加阐述。

1. | 从一个理论 Σ 开始。

⇓

2. | 为语言添加（称为"见证"的）个体常项 b_1，b_2，...。

⇓验证：添加这些个体常项之后，理论 Σ 是否是相容的

3. | 列举所有以 v_1 为自由变项的公式：$\phi_0(v_1)$，$\phi_1(v_1)$，...。

⇓

4. | 对于一个确切的见证 b，添加形如 $\exists v_1\phi(v_1) \rightarrow \phi(b)$ 的新公理。步骤 3 中列出的每一个公式都有一条新的公理。

⇓再次验证相容性

5. | 应用林登堡姆引理以获得一个扩张的句子集 Σ^*，使得对新语言中的每一个句子都有，$\Sigma^*\vdash\phi$ 或者 $\Sigma^*\vdash\neg\phi$。

⇓

6. | 为扩张后得到的句子集合 Σ^* 定义一个解释 $\mathscr{A}$。

⇓

7. | 验证是否有：$\mathscr{A}\vDash\phi$，当且仅当，$\Sigma^*\vdash\phi$。

⇓

8. | Σ 包含于 Σ^* 中，因此，对于 Σ 中所有的 ϕ，都有 $\mathscr{A}\vDash\phi$，于是，$\mathscr{A}$ 就是我们所要找的模型。

在继续讲下去之前，稍稍解释一下林登堡姆引理（Lindenbaum's lemma）。一个相容的句子集 Σ 是极大的（full），是说我们语言中的每一个句子 ϕ，或者有 $\Sigma\vdash\phi$ 或者有 $\Sigma\vdash\neg\phi$。林登堡姆引理的内容是说：

如果 Σ 是相容的，那么 Σ 有一个极大相容的扩张 Σ^*，也就是说，对于我们语言中任意的公式 ϕ，或者有 $\Sigma^*\vdash\phi$，或者

有 $\Sigma^* \vdash \neg\phi$，两者不能同时成立。

证明过程是这样的：把 PC 所有的句子都列举出来：ϕ_1，ϕ_2, …。我们逐步构造出 Σ^*。按照如下方式定义出句子集合的一个序列 Σ_0，Σ_1，Σ_2, …。设 $\Sigma_0 = \Sigma$。取：

$$\Sigma_1 = \begin{cases} \Sigma_0, & \text{如果 } \Sigma_0 \vdash \neg\phi_1 \\ \Sigma_0 + \phi_1, & \text{如果 } \Sigma_0 \nvdash \neg\phi_1 \end{cases}$$

（因此，如果 ϕ_1 可以添加到 Σ_0 中，且由此得到的新集合仍然是相容的，那么就把它添加到 Σ_0 以得到 Σ_1；如果情况相反，那仍然让 $\Sigma_1 = \Sigma_0$。）事实上，依次用 ϕ_1，ϕ_2，ϕ_3, … 把这个过程进行下去，则有：

$$\Sigma_{n+1} = \begin{cases} \Sigma_n, & \text{如果 } \Sigma_n \vdash \neg\phi_{n+1} \\ \Sigma_n + \phi_{n+1}, & \text{如果 } \Sigma_n \nvdash \neg\phi_{n+1} \end{cases}$$

现在，每一个 Σ_n 都是相容的，原因就在于我们出发之处是个相容的集合，并且在每次添加时都注意保持一致性。

因此按上述规则添加或不添加 PC 中的公式即可，这样最后得到一个集合，记为 Σ^*。Σ^* 将是相容的，因为任何证明在长度上都是有穷的，如果能证明 Σ^* 的不相容性，也就意味着其中有一个 Σ_n 是不相容的。但这是不可能的，因为 Σ_n 的构造为我们保证了每一个 Σ_n 都是相容的。

同样，语言中所有的句子也都在 ϕ_1，ϕ_2，... 这一列表中，而且在每一个步骤 n 上，我们都要决定是否把 ϕ_n 添加到 Σ_n 之中。只有当 $\neg\phi_n$ 在句子集中可证时，我们才不添加它进去。因此，对于所有的公式 ϕ，或者 ϕ 或者 $\neg\phi$ 可以在 Σ^* 中证明，实际上，或者 ϕ 或者 $\neg\phi$ 是在 Σ^* 中的。由此可知，Σ^* 是极大相容的集合，就像林登堡姆引理中所断定的那样。

有了如上思路，现在就可以把前述主要证明中的一些步骤详加讲解。

步骤 2a：把常项 b_1，b_2，... 添加到语言中来，并且重复检查我们的语言的形式说明，换句话说，重复检查 PC 的字母表以及公式定义。把我们现在所获得的结果称为 Σ_+。当这些新的常项被添加进来之后，如果我们有某种性质 $\psi(v_1)$ 且这一性质还被我们论域中某个对象所拥有，那么我们就选定某个常项 b 并且断定 $\psi(b)$。这样一来，b 是一个确切的见证，见证了有某一个具有性质 ψ 的元素。

步骤 2b：因为所有我们所做的事情就是添加对象的名字到一个预期的论域中，如果 Σ 是相容的，那么 Σ_+ 也将是相容的。

步骤 3：　把所有仅以 v_1 为自由变项的公式列举出来：

$$\psi_1(v_1),\,...,\;\psi_n(v_1),\,...$$

假定 θ_n 是公式：

$$\exists v_1\psi_n(v_1)\rightarrow\psi_n(b)$$

其中，b 是此前各个 ψ 或 θ 中都没有用过的第一个见证。

步骤 4a：　现在我们需要添加 θ_n 作为公理，所以令：

$$\Sigma^0=\Sigma_+$$

$$\Sigma^{n+1}=\Sigma^n+\theta_n$$

$$\Sigma^\infty=\cup\Sigma^n$$

因此，Σ^∞ 就是我们在 Σ 中添加所有新公理之后所得到的系统。

由通常的那些公理不难验证，每一个 Σ_n 都是相容的。根本之处在于，由于 b 是一个新的见证，因此 b 就像是一个自由变项在起作用。

步骤 4b：　每一个 Σ^n 都是相容的，Σ^∞ 也是相容的，因为 Σ^∞ 的不相容性的证明将是（对某个 n 来说）Σ^n 的不相容性的证明。（所有的证明在长度上都是有穷的，因此只包含有穷多个公式。这些有穷多的公式都位于某个 Σ^n 之中。）

步骤 5a：　运用林登堡姆引理，我们可以把 Σ^∞ 扩充到一个

相容的极大扩张 Σ^*。

步骤 5b：现在，对于 Σ^* 中的任意句子 ϕ 和 ψ，下述命题都成立：

（1）$\Sigma^* \vdash \phi$ 或者 $\Sigma^* \vdash \neg\phi$（Σ^* 是极大的）；

（2）$\Sigma^* \vdash \neg\phi$，当且仅当，$\Sigma^* \nvdash \phi$，由于（1），Σ^* 是相容的；

（3）$\Sigma^* \vdash (\phi \& \psi)$，当且仅当，$\Sigma^* \vdash \phi$ 且 $\Sigma^* \vdash \psi$；

（4）$\Sigma^* \vdash \exists v_1 \psi(v_1)$，当且仅当，对于某个 b 使得 $\Sigma^* \vdash \psi(b)$，因为 $\exists v_1 \psi(v_1) \rightarrow \psi(b)$ 是 θ_n 公理之一。

步骤 6：我们现在为 Σ^* 定义一个模型 $\mathscr{A} = \langle U, R \rangle$。论域 $U = \{b_1, b_2, \ldots\}$。U 上的关系 R 定义成：

$$b_i R b_j，当且仅当，\Sigma^* \vdash P(b_i, b_j)。$$

步骤 7：步骤（1）、（2）、（3）和（4）对应的是我们对"在一个解释中为真"的归纳定义，因此，我们可以说：

$$\mathscr{A} \vDash \phi，当且仅当，\Sigma^* \vdash \phi。$$

步骤 8：由于 Σ 是包含在 Σ^* 中的，所以对于 Σ 中所有的 ϕ，有 $\mathscr{A} \vDash \phi$。

由此，我们可以断定，如果 Σ 是相容的，那么 Σ 有一个模型。这就完成了证明。

现在我们来建立第 32 页中叙述的完全性定理。因为若 $\nvdash\phi$，则 $\{\neg\phi\}$ 是相容的，由此可知 $\neg\phi$ 有一个模型。在这个模型中，ϕ 为假，所以 ϕ 并不是普遍有效的。综上所述，$\vDash\phi$ 蕴涵 $\vdash\phi$。证明完成。

最后强调一点，在上述证明过程中，我们实际上证明的比预期的要多得多。我们已经证明，Σ 有一个可数模型，因为 b_i 形成的是一个可数集合。下一章将对此加以详述。

附录：谓词演算公理和推演规则

我们给出有穷多的公理模式。（我们当然也可以选择有穷多的公理，再运用替换规则来给出每个公理，但为简便起见，此处并不这样做。）

公理是具有下述形式的所有公式，其中的 ϕ，ψ 和 χ 都是公式，x，y，$y_1,...,y_n$，... 都是变项，$\phi(y)$ 是用 y 置换 $\phi(x)$ 中的所有自由出现的 x 而得到的结果：

$\forall y_1...\forall y_n\,(\phi\rightarrow(\psi\rightarrow\phi))$

$\forall y_1...\forall y_n\,((\phi\rightarrow(\psi\rightarrow\chi))\rightarrow((\phi\rightarrow\psi)\rightarrow(\phi\rightarrow\chi)))$

$\forall y_1...\forall y_n\,((\neg\phi\rightarrow\neg\psi)\rightarrow((\neg\phi\rightarrow\psi)\rightarrow\phi)))$

$\forall y_1...\forall y_n\,(\forall x\,(\phi\rightarrow\psi)\rightarrow(\phi\rightarrow\forall x\psi))$，$x$ 不在 ϕ 中自由出现

$\forall y_1...\forall y_n((\phi\rightarrow\psi)\rightarrow(\forall y_1...\forall y_n\phi\rightarrow\forall y_1...\forall y_n\psi))$

$\forall y_1...\forall y_n(\forall x\phi(x)\rightarrow\phi(y))$，只要 y 对 $\phi(x)$ 中所有 x 的自由出现可替换，那么 y 在 $\phi(y)$ 中的出现都是自由的（也就是说，这些 y 不能被 ϕ 中已有的 y 的量词所管辖）。

推演规则是分离规则：从 ϕ 和 $(\phi\rightarrow\psi)$ 可以推出 ψ。

第三章

模型论

本章将要讨论的是模型论，在这个过程中，会涉及三个独立的主题，分别为：带等词的谓词演算，简单地记为 PC（=）；紧致性定理；洛温海姆–斯科伦定理。模型论研究的是语言和世界之间的关系，或者更确切地说，研究的是形式语言与形式语言的解释之间的关系。可能有些读者已经知道什么是形式语言了，但是，在开始讲 PC（=）之前，我们还是先来谈一点关于解释的事情。

我们从下面这个句子开始，先来看一下这句话：

（i）如果老板说了算，并且乔是老板，那么，乔说了算。

然后试着用谓词符号、名字、联结词以及量词对它进行形式化，并且看一看在这个过程中我们所需要的是什么。

为了把语句（i）形式化，我们将使用谓词语言 $\mathcal{L}$。除了命题演算的通常规则以及量词之外，$\mathcal{L}$ 中有一个一元谓词符号 P，解释为"……说了算"，一个二元谓词符号 E，解释为"……和……相同"，以及两个常项符号（constant letter）j 和 b，分别表示"乔"和"老板"。在上面的例句中，我们只需要两

个寻常的命题演算联结词 "&"（并且）和 "→"（蕴涵）。这样，
（i）可以形式化如下：

$$（\text{ii}）P（b）\& E（j，b）\rightarrow P（j）$$

谓词符号 E 称为恒等谓词，带有 E 的谓词演算称为带等词的谓词演算（predicate calculus with identity）。因此，（ii）是 PC（=）中的句子。

现在考虑结构 $\mathscr{A} = \langle A，R，a_1，a_2，S \rangle$。其中，$A$ 是一个非空的集合，R 是一个性质，S 是 A 上的一个关系，a_1 和 a_2 都是集合 A 中的元素。注意，一个集合上的性质就是这个集合的一个子集，一个集合上的关系就是一个由此集合元素构成的序对集。之后我们会将 S 看成是 A 上的恒等关系，因此 S 将是一个序对集，并使得其中每个序对的第一个元素与第二个元素相同，且 A 的每个元素都将是 S 中某个序对的元素；也就是说，$S = \{ \langle x，x \rangle : x \in A \}$。现在，$\mathscr{A}$ 是一个结构，（ii）可以在其中得到解释。这意味着我们可以将 j 解释为 a_1，b 解释为 a_2，E 解释为 S，而 P 解释成 R（细节请参阅第二章）。现在考虑这一解释，为简便起见，我们把 A 看作只包含 a_1 和 a_2 为元素的集合。由此，如果 S 是 A 上的恒等关系，（ii）说的就是：若 a_2 具有性质 R 且 a_1 和 a_2 是相同的，则 a_1 具有性质 R。且这在 $\mathscr{A}$ 中显然为真。虽然我们可以将二元谓词符号 E 解释为恒等

关系，但这不是必须的，如果我们这样做了，那么该解释就被称为是正规的。因此，形式语言 $\mathscr{L}$ 的一个正规的解释（normal interpretation）就是将二元谓词符号 E 解释为恒等关系的解释。很明显，（ii）在每一个正规解释中都为真，但在其他解释中则不一定为真。下述几个句子也在每一个正规解释中为真：

（iii）$\forall x E(x, x)$

（iv）$\forall x \forall y (E(x, y) \rightarrow E(y, x))$

（v）$\forall x \forall y \forall z (E(x, y) \& E(y, z) \rightarrow E(x, z))$

（vi）对于 $\mathscr{L}$ 中的任意一个公式 ϕ，

$\forall x \forall y (E(x, y) \rightarrow (\phi(x, x) \rightarrow \phi(x, y)))$

（iii）是说 E 关系是自返的，（iv）是说 E 关系是对称的，而（v）则是说 E 关系是传递的，（vi）是所谓的"莱布尼茨律"。（iii）、（iv）、（v）和（vi）被称为等词公理（axioms for equality）。

$\mathscr{L}$ 中的一个公式 ϕ 在每一个正规解释中为真，当且仅当，由逻辑公理和等词公理，ϕ 是可证的。如果把逻辑公理和等词公理分别记为 {逻辑公理} {等词公理}，我们可以断定说，{逻辑公理}+{等词公理} $\vdash \phi$，当且仅当，对于所有的正规模型 $\mathscr{A}$，都有 $\mathscr{A} \vDash \phi$，其中 ϕ 是 $\mathscr{L}$ 中的一个公式。这恰好说明，相对于其正规解释，$\mathscr{L}$ 及其公理是完全的。

　　由于｛逻辑公理｝+｛等词公理｝的句子都在 $\mathcal{L}$ 的所有正规解释中为真，并且推演规则能保证在任意解释下都为真的公式推出的仍然是真公式，所以如果｛逻辑公理｝+｛等词公理｝$\vdash\phi$，那么对于所有的正规解释 $\mathscr{A}$ 都有 $\mathscr{A}\vDash\phi$。现在需要证明的是，如果 ϕ 在所有的正规模型中都为真，那么｛逻辑公理｝+｛等词公理｝$\vdash\phi$。我们将运用哥德尔-亨金完全性定理来证明这一点。假设｛逻辑公理｝+｛等词公理｝$\nvdash\phi$，那么，｛逻辑公理｝+｛等词公理｝+｛$\neg\phi$｝就是相容的，且根据哥德尔-亨金完全性定理，这个句子集合一定有一个模型。为了证明上述断言，必须给出一个 $\neg\phi$ 的正规模型，也就是说，要证明 ϕ 并非在所有的正规模型中都为真。且由此可以证明，如果 ϕ 在所有正规模型中都为真，那么，ϕ 由｛逻辑公理｝+｛等词公理｝是可证的。

　　接下来我们考虑一种寻找正规模型的方法，使得对于一个包含｛等词公理｝的句子集，只要它有一个模型，那么总可以找到它的一个正规模型。考虑由元素 x，y，z，... 组成的集合 A，并且假设 A 上有一个自反、对称且传递的关系 S，使得前述（vi）成立。（这个关系并不一定是恒等关系，比如，可以考虑一个只含"年龄相同"这一关系作为唯一谓词的语言，将论域定义为由人所构成的集合，并在这个论域上给出所选语言的一个解释。那么，两个具有相同年龄的人并不蕴涵他们就是相同的人。而且，由于只包含符号 E 的公式的解释只依赖于所谈之人的年龄，所以这个关系是自反、对称和传递的，且莱布尼茨律对它也成立。）现在，把 A 中的元素以是否互相具有 S 关系为标准把 A 划分成不同的子集：x 和 y 属于相同的子集当且仅当 xSy。可以看出，任何一个元素与它所在子集中的每一个其他元素都具有关系 S，但与其他子集中的元素不具有 S 关系，原因在于等词公理对其成立这一事实。现在，假定我们从每一个子集中都选出了一个代表，这些代表将一起构成初始句子集的一个正规模型。其中所有的句子在这个模型中都为真，并且由于这些代表自身就是初始模型的一个子集，所以对于该模型中任意两个元素 u 和 v，都有：uSv，当且仅当，$u = v$。因此，E 可以被解释成这个模型中的相等关系。这就证明了，对于一个带有二元谓词符号 E 并且包含等词公理的语言，如果其中的任意句子集有一个模型，那么我们总是可以为它找到一个正规模型。进而可得，因为 $\{$逻辑公理$\}$+$\{$等词公理$\}$+$\{\neg\phi\}$ 有一个模型，所以它有一个正规模型。由此，ϕ 在每一个正规模型中都不为真。所以，如果对于所有的模型 $\mathscr{A}$ 都有 $\mathscr{A} \models \phi$，那么，$\{$逻辑公理$\}$+$\{$等词公理$\} \vdash \phi$。证毕。

在模型论中，我们通常对比较特殊的解释感兴趣，比如接下来的这个解释。我们来考查结构 $\mathscr{N} = \langle N, < \rangle$，其中 N 是自然数集 $\{0, 1, 2, 3, 4, \ldots\}$，$<$ 是自然数上的 "小于" 关系。

（实际上，这个结构可以写成 $\langle N, <, = \rangle$，但在此后的所有例子中，我们都会假设在每一个解释中都存有用于解释等词的恒等关系，所以在此省略。同时这也意味着，此后再谈到可证性，说的就是｛逻辑公理｝+｛等词公理｝的可证性，再提到相容性，说的就是｛逻辑公理｝+｛等词公理｝的相容性。）

现在来看，前述语言 $\mathcal{L}$ 中的哪些句子在这一解释下为真？列举一些句子如下：

（vii）$\forall x\,(\neg P\,(x,\,x))$

（viii）$\forall x\forall y\,(\neg\,(P\,(x,\,y)\,\&\,P\,(y,\,x)))$

（ix）$\forall x\forall y\forall z\,(P\,(x,\,y)\,\&\,P\,(y,\,z)\rightarrow P\,(x,\,z))$

（x）$\forall x\forall y\,(P\,(x,\,y)\vee P\,(y,\,x)\vee E\,(x,\,y))$

（xi）$\exists x\forall y\,(\neg P\,(y,\,x))$

（xii）$\forall x\exists y\,(P\,(x,\,y)\,\&\,\forall z\,(\neg P\,(x,\,z)\,\&\,P\,(z,\,y)))$

（xiii）$\forall x\,(\exists y P\,(y,\,x)\rightarrow\exists y\,(P\,(y,\,x)\,\&\,\forall z\,(\neg P\,(x,\,z)\,\&\,P\,(z,\,y)))))$

之后，这些句子会被经常提及，因此我们将使用 Σ 来指它们的聚合：Σ 指的是集合｛（vii），...，（xiii）｝。

现在，（vii）、（xiii）、（ix）和（x）在所有有序集合中都为真。也就是说，如果 P 是有序对象集上的一个关系，那么根据

（vii），P是禁自反的；根据（viii），P是反对称的；根据（ix），P是传递的；根据（x），若任意两个对象不相等，则它们是可比较的且关系P是它们之间一种可能成立的关系。（xi）是说，在我们的解释中有某个元素是排在第一位的。（xii）是说，在排序关系中的每个元素都有另外一个排在其后面的最大元素；也就是说，每一个元素都有一个后继。最后，（xiii）是说，除了排在第一位的元素外，排序中的每个元素都有一个最小元素；也就是说，除了第一个之外，所有的元素都有一个前驱。当你取 $\mathscr{N} = \langle N, < \rangle$ 为例来验证这些公理的内容时，会发现到上述所有句子都在其中为真。

现在来看句子集 Σ 以及它对于 $\mathscr{N}$ 的重要性：Σ 完全地公理化了 $\mathscr{N}$。更确切地说：

> **引理**：如果 $\mathscr{A}$ 是 Σ 的任意一个模型，那么在 $\mathscr{A}$ 中为真的句子刚好就是在 $\mathscr{N}$ 中为真的句子。

这一引理可以通过技术性很强的模型论来证明，且由此我们可以推导出推论：$\mathscr{N} \vDash \psi$ 当且仅当 $\Sigma \vdash \psi$。假设 $\Sigma \nvdash \psi$，那么 $\Sigma + \{\neg\psi\}$ 是相容的。由哥德尔-亨金完全性定理可知，这个集合有一个模型 $\mathscr{A}$，那么就有 $\mathscr{A} \vDash \neg\psi$。且根据上述引理，还可以得到结论，$\mathscr{N} \vDash \neg\psi$。再根据前述，$\Sigma$ 中的句子都在 $\mathscr{N}$ 中

为真，且我们所使用的唯一推演规则在解释中是保真的，所以如果 $\Sigma \vdash \psi$，则 $\mathscr{N} \vDash \psi$。当（且仅当）一个句子在 $\mathscr{N}$ 中为真，我们可以由句子集合 Σ 证明它，基于这一事实，我们实际上所做的就是公理化了 $\mathscr{N}$ 中真句子的集合。也就是说，所有在 $\mathscr{N}$ 中为真的句子都可以由逻辑公理与等词公理加 Σ 来证明。

接下来再看这样一个问题：Σ 在何种程度上决定了 $\mathscr{N}$ 本身？或者说，当我们知道 Σ 中的句子都在某个解释中被满足后，我们离知道该解释就是 $\mathscr{N}$ 有多近？首先，我们想要说的是，$\mathscr{N}$，即结构 $\langle \{0, 1, 2, 3, \dots\}, < \rangle$，并不是 Σ 的唯一模型。我们很容易就能得到另一个与 $\mathscr{N}$ 同构的结构，也就是说，这个结构既与 $\mathscr{N}$ 具有相同的基本结构，又可以成为 Σ 的模型。我们需要做的就是保证我们有元素被放置在排序的第一位、每一个元素都有一个后继、并且除了第一个之外的所有元素都有一个前驱等，同时该结构的关系是禁自反、反对称和传递的，该集合的元素都是连通的［即前述（x）］。此后，在涉及结构 $\mathscr{N}$ 时，就不必一定要从自然数 0 开始了。因此，让我们考虑一个新的结构 $\mathscr{M} = \langle \{1, 2, 3, \dots\}, < \rangle$，且令 $M = \{1, 2, 3, \dots\}$。在下述对应之下，$\mathscr{M}$ 很明显同构于 $\mathscr{N}$：

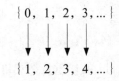

也就是说，我们让结构 $\mathscr{N}$ 之中的集合 N 的任意一个元素 x 对应于结构 $\mathscr{M}$ 之中的集合 M 的元素 $x+1$，并且在这个过程中分别用完这两个集合的所有元素。由此可见，$\mathscr{N}$ 和 $\mathscr{M}$ 是 Σ 的同构模型（isomorphic models）。现在，要是我们可以证明 Σ 的所有模型都同构于 $\mathscr{N}$，那么我们就能在论证中前进一大步，并且可以说在很多重要方面 Σ 确实决定了 $\mathscr{N}$。原因在于，满足同构的两模型的结构是相同的，它们的区别仅仅在于其各自元素的性质。即，如果某种性质或关系在两同构模型的一个当中成立，那么另外一个模型中相应元素之间也具备对应的性质或关系。也就是说，从数学或逻辑上看，两个同构模型之间的区别很小，微不足道。

但遗憾的是，Σ 也有并不同构于 $\mathscr{N}$ 的模型。为了弄明白这一点，我们首先把集合 N 的元素沿着一条直线标记出来：

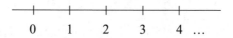

现在，在 0 和 1 之间标出点 0, $\frac{1}{2}$, $\frac{2}{3}$, $\frac{3}{4}$, ...，也就是说，我们把对应于集合 $\{1-1/n: n \in N,\ n>0\}$ 的元素的点标出来。然后，在 1 和 2 之间标出对应于分数 $1\frac{1}{2}$, $1\frac{1}{3}$, $1\frac{1}{4}$, $1\frac{1}{5}$, ... 的点，也就是说，我们把对应于集合 $\{1+1/n: n \in N,\ n>1\}$ 的元素的点标出来。再然后，在 2 和 3 之间，我们重复在 0 和 1

之间的做法，把对应于集合 $\{3 - 1/n: n \in N, n > 0\}$ 的元素的点标出来。之后便得到如下的直线：

$$0 \qquad \tfrac{1}{2} \ \tfrac{2}{3} \tfrac{3}{4} ... 1 ... 1\tfrac{1}{3} \ 1\tfrac{1}{2} \qquad 2 \qquad 2\tfrac{1}{2} 2\tfrac{2}{3} \ ... \ 3$$

我们再考虑下述集合：除 1 和 3 外，由 0 到 3 之间所有点构成的集合，包括 0。也就是集合

$$B = \{1 - 1/n: n \in N, \ n > 0\} \cup \{1 + 1/n: n \in N, \ n > 1\} \cup$$
$$\{3 - 1/n: n \in N, \ n > 0\}$$

现在我们说：$\mathscr{B} = \langle B, < \rangle$ 是 Σ 的一个模型，但是它并不同构于 $\mathscr{N}$。

为什么说 $\mathscr{B}$ 是 Σ 的一个模型呢？因为 Σ 中的每一个句子都在 $\mathscr{B}$ 中为真，这是可以检验的。首先，这些元素都不会小于自身，因此 $\forall x \, (\neg \, x < x)$ 为真。其次，没有数字既小于又大于另外一个数字，因此（viii）也为真。再次，小于关系 <在 B 上是传递的，而 B 的任意两个元素都是连通的，因此（ix）和（x）也都在 $\mathscr{B}$ 中为真。最后，0 是第一个元素，因此（xi）为真且每一个元素都有一个后继、除 0 外所有元素都有直接前驱，因此（xii）和（xiii）都为真。也就是说，Σ 中所有的句子在 $\mathscr{B}$ 中都为真，所以 $\mathscr{B}$ 是 Σ 的一个模型。但是，很明显 $\mathscr{B}$

和 $\mathscr{N}$ 的结构并不相同。因为结构 $\mathscr{B}$ 在其元素之前拥有无穷多个元素，而结构 $\mathscr{N}$ 中的元素不具有这一性质，所以结构 $\mathscr{N}$ 中没有元素对应结构 $\mathscr{B}$ 中的，因此这两个结构不可能同构。所以我们可以得出结论，Σ 不仅有 $\mathscr{N}$ 作为模型，也有一些同构于 $\mathscr{N}$ 的模型，同时还拥有一些不同构于 $\mathscr{N}$ 的模型。由此可知，只根据 Σ，我们无法得知太多关于结构 $\mathscr{N}$ 的情况。如果我们所知道的只是有一个结构并且 Σ 中的句子在其中都为真，那么我们就无法确定其中的元素是否自然数、或者哪怕是各个方面都表现得像自然数。Σ，既不决定我们拥有什么样的对象，也不包含这些对象所涉及的所有结构关系。我们唯一可知的则是：有了 Σ，再加上逻辑公理、等词公理，就可以证明形式语言中那些在 $\mathscr{N}$ 中为真的句子。

上述话题到此为止，现在来说另一件事情，那就是何谓紧致性定理（compactness theorem）以及它讲了些什么。在这之前，我们先来证明一个引理。

引理：如果 Σ 是不一致的，那么 Σ 的某个有穷子集是不一致的。

如果 Σ 是不一致的，那么由定义我们可知：对于某个公式 ϕ，$\Sigma \vdash \phi \ \phi$ 且 $\Sigma \vdash \neg \phi$，或者换句话说，$\Sigma \vdash \phi \& \neg \phi$。也就是说，

有一个有穷的公式列表 ϕ_1，ϕ_2，...，ϕ_n，其中，$\phi_n = \phi\ \&\ \neg\phi$，且对于每个 ϕ_i，或者

（ⅰ）ϕ_i 是一条逻辑公理或等词公理；

或者

（ⅱ）ϕ_i 是 Σ 的一个元素；

或者

（ⅲ）ϕ_i 是由公式列表中它之前的两个公式根据推演规则而得。

由于这一列表是有穷的，其中作为 Σ 的元素的公式也是有穷的。因此，我们可以说，如果 Σ 是不一致的，那么 Σ 有一个不一致的有穷子集。

根据前一章证明的哥德尔-亨金完全性定理，我们知道：如果 Σ 是一致的（Σ 可能是无穷的），那么，Σ 有一个模型。接下来，我们将用已证的上述引理和哥德尔-亨金完全性定理来证明紧致性定理。

紧致性定理：如果 Σ 的每一个有穷子集都有一个模型，那么 Σ 有一个模型。

假定一个句子集 Σ，它可能是无穷的，其每个有穷子集都有一个模型，那么 Σ 的每一个有穷子集都是一致的。且由上述引理可知，Σ 必须是一致的。再根据哥德尔-亨金完全性定理，Σ 有一个模型。

作为这紧致性定理的一个应用实例，我们将给出一个无穷句子集，并且它的每个有穷子集都有一个模型。那么，根据紧致性定理就能推出这个集合本身也有一个模型。

首先回想之前讨论过的语言 $\mathscr{L}$，它是带等词以及另外一个谓词符号的谓词演算。结构 $\langle N, < \rangle$ 是 $\mathscr{L}$ 的一个解释。现在再来考虑 $\mathscr{L}$ 的一个扩张，可记为 $\mathscr{L}^+$。$\mathscr{L}^+$ 是将语言 $\mathscr{L}$ 再加上一个额外的常项符号 c 而得到的语言。要想知道 $\mathscr{L}^+$ 中的句子怎样描述 $\mathscr{L}^+$ 的模型，还要考虑 $\mathscr{L}^+$ 中的一类特殊句子，那就是 Σ 中的句子以及下述句子：

ψ_1　$\exists v_1 P(v_1, c)$

ψ_2　$\exists v_1 v_2 (P(v_1, v_2) \& P(v_2, c))$

ψ_3　$\exists v_1 v_2 v_3 (P(v_1, v_2) \& P(v_2, v_3) \& P(v_3, c))$

$\vdots$

ψ_n　$\exists v_1 v_2 ... v_n (P(v_1, v_2) \& ... \& P(v_{n-1}, v_n) \& P(v_n, c))$

$\vdots$

现在假设 Σ^* 就是所有这些句子构成的类，也就是说，Σ^* 是 Σ 中的句子加上上述所有句子 ψ_n（$n \geqslant 1$）而构成的集合。

假定 Σ' 是 Σ 的一个有穷子集。现在来考虑一类结构 $\langle A, R, a\rangle$，其中 a 是 A 的一个元素。然后我们来证明其中有些结构就是 Σ' 的模型。如果能为每一个 Σ' 构造一个模型，那么就能为 Σ^* 的每一个有穷子集构造一个模型，之后再运用紧致性定理，就可证明 Σ^* 本身有一个模型。

首先规定 $\langle A, R, a\rangle$ 中的 A 和 R 对应的就是我们想要的结构 $\mathcal{N}=\langle N, <\rangle$ 中的 N 和 $<$。因此，$\langle A, R\rangle$ 便是 Σ 的一个模型。其次，考虑 Σ^* 的一个有穷子集 Σ'。Σ' 将包含 Σ 中的一些句子以及有穷多个 ψ。假设 k 是使得 $\psi_n \in \Sigma'$ 的最大的 n。那么现在可以断定 $\langle N, <, k\rangle$ 是 Σ' 的一个模型。因为首先，由于 Σ 中的所有句子都在 $\langle N, <\rangle$ 中为真，所以它们都在 $\langle N, <, k\rangle$ 中为真。因此，Σ' 中（同时也在 Σ 中）的句子都在 $\langle N, <, k\rangle$ 中为真。再者，可知如果 $n \leqslant k$，那么 $\langle N, <, k\rangle \vDash \psi_n$。这是很明显的，例如，$\psi_1$ 说的是存在小于 c 的事物。如果我们把 c 解释成 1，ψ_1 就为真。如果 $k = 1$，我们可以把 c 解释成 1，因此，当 $k = 1$ 时，该解释就是 ψ_1 的一个模型。ψ_2 是说，有两个事物使得第一个小于第二个且第二个小于 c。因此，ψ_2 在 $\langle N, <, 2\rangle$ 中为真，如此等等，每一个有穷子集都会有一个最大的 ψ_n。因此，每一个有穷子集都有模型 $\langle N, <, k\rangle$，且 k 至少与 n 一样大，其中 n 取于该有穷子集中一个任意的公式 ψ_n。综上，由紧致性定理，我们说 Σ^* 有一个模型。

我们可以称这个模型为 $\mathscr{A}$，在模型 $\mathscr{N}$ 中为真的 $\mathscr{L}$ 句子在模型 $\mathscr{A}$ 中也都为真，后者在本章开始时就已提及：$\langle N, < \rangle \vDash \psi$，当且仅当，$\Sigma \vdash \psi$。现在让我们考虑 Σ^* 的模型具体为何。根据 Σ 中的公理，$\mathscr{A}$ 有第一个、第二个、第三个元素，等等；为简便起见，我们干脆称呼它们为 0，1，2，...。我们将 $\mathscr{L}$ 中的常项符号 c 指派给 $\mathscr{A}$ 论域中的某个对象。但这个对象不会是 N 中的元素，因为对于任意的 n，如果 $c = n$，其中 $n \in N$，那么 ψ_{n+1} 则是说 $c > n$，但这是不可能的。由此 Σ^* 的模型不能只包含自然数，而必须有某个大于所有自然数的东西（以便给出 c 的解释）。这里所得的是 Σ 的一个非标准模型（non-standard model），之所以称为非标准模型，是因为可以很容易地证明它并不同构于我们意图得到的 Σ 模型，或者说 Σ 的标准模型 $\mathscr{N}$。

至此，我们已经给出了一个具体的非标准模型，实际上，这一技术可以推而广之。例如，很难为结构 $\langle N, <, +, \cdot \rangle$ 中的真句子找出非标准模型并进行完整的描述，但可以利用前述的技术来证明确实存在这样的模型。同样地，也可以用紧致性定理来找其他数系的非标准模型。例如，在实数的情形中，非标准模型可以用来证明使用无穷小的一致性。

为了熟悉紧致性定理，我们再来看另外一个实际应用的例子。假设 Σ 是一个具有任意大有穷正规模型的句子集合，那么 Σ 有一个无穷的正规模型。为了证明这一点，增加一个由

新常项符号 c_1, c_2, ... 等构成的无穷集合，以扩充 Σ 的语言。在扩充的语言中，考虑由 Σ 加上所有形如 $\neg E$ (c_i, c_j) 的句子所构成的句子集合 Σ^*，其中 $i \neq j$。我们先证明 Σ^* 的每个有穷子集都有模型，然后再运用紧致性定理来证明 Σ^* 有一个模型。假定 Σ' 是 Σ^* 的一个有穷子集。那么除 Σ 中的一些句子之外，Σ' 还包含了有穷多的句子 $\neg E$ (c_i, c_j)。这些句子将只包含有穷多的常项符号 c_i，而对于某个 n 来讲，这些常项符号都会在 c_1, ..., c_n 之中。现在，根据假设，Σ 有一个正规模型 $\langle A, ... \rangle$，这个模型中至少有 n 个元素，然后从 A 中选出元素 a_1, a_2, ...，其中 a_1, ..., a_n 各不相同，并且很容易看到 $\langle A, ..., a_1, a_2, ... \rangle$ 是 Σ' 的一个模型，其中 a_1, a_2, ... 分别是 c_1, c_2, ... 的解释。因此 Σ^* 有一个模型，又因此 Σ^* 有一个正规模型 $\langle B, ..., b_1, b_2, ... \rangle$，其中 b_1, b_2, ... 是 c_1, c_2, ... 的解释。因为 Σ^* 包含 Σ，所以 $\langle B, ... \rangle$ 是 Σ 的正规模型。而且只要 $i \neq j$ 便有 $b_i \neq b_j$，再由 Σ^* 中其余的句子，可知 B 是无穷的。综上，Σ 有一个无穷的正规模型。

　　在模型论中，紧致性定理是一个非常重要的工具，有些原因我们已经提到，另外还有许多其他原因。很快我们还会讲到一个同样重要的工具，不过在此之前，还必须引入一些集合论的概念，以便考虑如何比较无穷集合的大小。其实有很多方法可以比较两个无穷集合。其中一种方法就是看一个集合是否包含于另一个集合当中。例如，我们知道 {0，1，2，…} 是 {–1，0，1，2，…} 的一个子集，记为 {0，1，2，…}⊆{–1，0，1，2，…}，被包含的集合显然是比较小的那一个。还有一种办法就是，看两个集合的元素之间是否存在一一对应（one-to-one correspondence）关系。也就是说，是否可以把两个集合中的元素进行配对，使得一个集合中的每个元素都有另外一个集合中一个元素来匹配，且两个集合中都不会遗留没有匹配的元素。例如，上述两个集合的元素可以以此方法匹配起来：第一个集合中的 0 对应第二个集合中的 –1，第一个集合中的 1 对应第二个集合中的 0，第一个集合中的 2 对应第二个集合中的 1，第一个集合中的 3 对应第二个集合中的 2，如此等等。一般来讲，第一个集合中的 n 对应第二个集合中的 $n-1$。按照这种方式，一个集合中的每一个元素都刚好和另一个集合中的一个元素匹配起来，且没有无匹配的元素。

为了我们的目标，如果不同集合之间具备刚才所说的那种匹配，我们最好是说这些集合的大小相同。例如，集合 {0，1，2，3，…} 和集合 {–1，0，1，2，3，…} 具有相同的大小。在这种意义上具有相同大小的集合，也可以说这些集合具有相同的基数（cardinal number）（也可以参见第六章）。

如果一个集合的基数与自然数集的基数相同，那么我们就称这个集合是可数无穷的（denumerable）。比如，集合 {–1，

0，1，2，3，...｝就是可数无穷的。可数无穷集合与有穷集合都是可数集合（countable set）。在第一章就已经证明，实数集合不是可数的（具体证明，此处不再重复）。因此，我们知道至少存在一个不可数的无穷集合；当然，实际上有很多这样的集合。

根据哥德尔-亨金完全性定理的证明，不仅可以说明一个可数语言（即含有可数多个公式的语言）中每个一致的公式集都有一个模型，而且可以说明这个可数语言有一个可数模型。虽然这个可数模型不一定是正规模型，但依据本章稍前所证，我们总有办法为该语言在其可数模型中为真的句子找到一个正规模型。这个正规模型与我们的初始模型同等大小或者稍小一些（验证我们所构造的方法就可以知道），因此我们可以得出结论，哥德尔-亨金完全性定理的证明显示了：在以等词作为谓词符号的可数语言中，每个一致的句子集（包括等词公理）都有一个可数的正规模型。来看一个例子，考虑结构 $\mathscr{R}=\langle R, <, +, \cdot \rangle$，其中 R 是实数集合，$<$ 与之前一样还是“小于”，$+$ 和 $\cdot$ 分别是定义在实数上的普通加法函数与乘法函数。现在为 $\mathscr{R}$ 考虑一个恰当的（可数）语言。（例如，这个语言可以有符号 P，f 和 g，分别解释成 $<$，$+$ 和 $\cdot$。）在 $\mathscr{R}$ 中为真的该语言的句子可以构成一个集合，我们把这个集合称为 Σ^R。由于 Σ^R 是可数语言的公式所构成的集合，因此 Σ^R 一定有一个可数的

正规模型 $\langle A, \tilde{<}, \tilde{+}, \tilde{\cdot} \rangle$，其中，$A$ 是一个可数集合。

如果同一个句子集既在 $\mathscr{R}$ 中为真也在 $\mathscr{A}$ 中为真，那么多少会显得有些奇怪。尤其是当我们可以将 A 视为实数集时（也就是说，A 是一个可数的集合且其元素都是实数），这会显得更奇怪。这意味着，只要我们把一个实数描述成唯一具备上述形式语言中某个公式所定义的性质的数，那么这个数就已经在 A 之中了，剩下的实数在某种意义上就是多余的了。不仅如此，乍看起来这似乎与实数系统的各种特征都不一致（当然，实际上并非如此）。

集合论中也有这种怪象，以它为例或许能令我们理解得更确切一些。考虑一个结构 $\mathscr{S}=\langle$所有的集合，属于关系$\rangle$，且这一结构中真句子所组成的集合也必定有一个可数无穷的模型。实际上从幂集公理（axiom of power set，即存在一个集合，其元素比可数无穷还要多，详见第六章）也能推导出该结构中的真句子。之后在本书中还会出现其他一些公理，由这些公理可以推出许多大于自然数集合的集合。但是，如果集合论的公理有一个可数无穷的模型，那么这些公理正是在这个可数无穷模型中为真的那些句子。这多少还是有点令人惊讶。因为如果只有可数多个事物，那么一个表述集合中有不可数多个元素的句子如何为真？为了解开这个似非而是的现象，我们需要仔细考查这个句子实际上说了些什么。

在我们的可数模型中，每一个无穷集合实际上都是可数无穷的，因此每个集合中的元素都能与自然数一一对应。但是，当这种对应被表示为一个集合的时候，它可能就不在可数模型之中了。这就说明了它是如何可以包含一个可数无穷集合，同时这个可数无穷集合又在可数模型中满足"是一个不可数集合"的谓述。

至此，我们已经介绍了不少定理，但在把这些定理结合起来之前，我们想再引入一条定理。这条定理是洛温海姆、斯科伦和塔尔斯基（Tarski）证明并发展出来的，通过它我们不仅可以获得较小的模型，还可以获得较大的模型。

定理：如果一个可数语言中的句子集合 Σ 有一个无穷的正规模型，那么 Σ 就有任意无穷基数的正规模型。也就是说，对于任意的无穷集合 S，有一个公式集合 Σ 的正规模型 $\langle A, ... \rangle$，使得 A 与 S 具有相同的基数，只要 Σ 确实有任意无穷的正规模型。

由该定理可知，在某一无穷结构中为真的任意句子集，连其论域集合的大小都不能描述出来。如果一个句子集有一个无穷基数的模型，那么我们无法从该句子集推导出这个模型的基数及相关情况（除非该句子集是无穷的）。

至此，我们所做的就是运用模型论来指出句子集所无法谈论的有关其模型的东西。如果一个句子集合有一个模型，那么它有一个可数的正规模型，但我们不能泛泛地说这些模型是相同的。且如果一个句子集有一个无穷模型，那么它就会有一个具有所有无穷基数的模型。特别地，一个句子集（比如 Σ），既具有论域集合都是数集的模型，也具有论域集合不是数集的模型。上述这些都是否定的结论，那么有没有肯定性的结论呢？当我们说可以找到一个句子集 Σ，使得对于某个特殊的模型 $\mathscr{A}$ 有：$\mathscr{A} \models \psi$，当且仅当，$\Sigma \vdash \psi$，这又是什么意思呢？

现在来看这个问题：句子 ψ 在 $\langle N, < \rangle$ 中为真吗？这不是个单一的问题，而是无穷多个同类问题的集合，因为对于每个 ψ 都可以提出这样的问题。解答这类问题的方法之一就是，对真公式集进行公理化（我们已经给出的集合 Σ 就是这样做的），然后尝试去寻找 ψ 的一个证明。对于每个 ψ，或者 ψ 或者 $\neg\psi$ 在 $\langle N, < \rangle$ 中为真，二者之中总有一个由 Σ 是可证的。如果能将寻找证明的过程系统化，那么就可以保证最终一定能找到这样或那样的一个证明，从而确立 ψ 是否在 $\langle N, < \rangle$ 中为真。由此，通过证明前述引理，就可以建立起一套系统的方法来回答这一类问题。至此，我们可以确切地知道哪些句子在 $\langle N, < \rangle$ 中为真。此外，上述方法对于结构 $\langle N, <, + \rangle$ 也是适用的，不过难度会稍有增加。也就是说，我们可以写出一个

在此结构中显然为真的句子集，然后运用模型论方法来证明：此结构中所有为真的，由该句子集都是可证的。这样，我们就得到了一个可行的方法，以证明一个句子是否在该结构中为真。同样的方法也可适用于实数域和复数域，但结构 $\langle N, <, +, \cdot \rangle$ 除外，我们会在第五章对此加以证明。

第四章

图灵机与递归函数

正如本书其他章节所展示的那样，数理逻辑往往关注的是无穷陈述类，并尝试用系统的、统一的或机械的方法来处理这些无穷类。例如，第三章给出的是判定结构〈N, <〉中给定语句之真值的系统方法，第二章给出的是排列所有真谓词命题的系统方法。这两种方法都可以归约为机械算法，从某种意义上讲，它们被看作某些"可计算理论"中的肯定性结论。

而在其他情况下，例如，判定一个给定谓词命题是否为真（此处并不是说，如果它是真的，那么从定理中找出这个命题），我们暂无系统机械的方法来证明它，因此这可以说是可计算理论中一个否定性的结论。也就是说，对于一些问题可能不存在系统机械的解法。探寻否定性结论的难点在于，它需要一个涵盖可计算性的定义。虽然在证明肯定性结论时所用的计算方法不需要这个明确的定义，但如果要证明不存在任何系统机械的方法可以解决所给问题，就要预设一个定义，一个涵盖各种各样计算的定义。

一个定义要涵盖所有种类的计算，自然会导致其复杂性的攀升，不过，本章的主线基本上还是直截了当的，甚至可以说在该类话题下是不可回避的，即对可计算性的定义导致了计算不可解问题。继而，由于谓词演算的普遍表达力，这个问题就被转化到逻辑中了。也因此导致了逻辑有效性问题的广义不可解性。

图灵机计算

1936 年，图灵与波斯特（Post）各自独立地完成了对计算概念的精确分析。由于计算是个直觉上的概念，所以对这个概念的任何严格形式化都不得不停留在表面的层面而非深层的数学证明层面。可是有一点却不容置疑，图灵机——他们这么称呼这个装置——可以实现所有可能的计算。也就是说，不存在图灵机不能进行的计算程序。（这里所谓的计算程序是指一个无歧义的指令集，并且这个指令集不为人类的想象力留有半点空间，当人类依照这个指令集中的指令行动时，不用任何想象力，只需机械地行动就能完成这个指令。）但这是为什么呢？让我们从图灵的分析中窥探究竟。

图灵机具有一个两端均无限长的纸带，这个纸带被分成若干小方格，如：

...						...

每个方格内都能写下一个符号，并且图灵机带有一个读写头，读写头每次能探查或扫描一个方格。当然，我们不关心实现这个带读写头的图灵机所涉及的具体技术。图灵机的读写头实际的行为并非由我们决定。给定一个图灵机也就给定了其专用的字母表，即有穷多个符号 S_0, S_1, ..., S_n（我们取 S_0 为空白方格□）。另外，这个机器还需许多内部状态（internal state）q_0, q_1, ..., q_m。在给定时间内，图灵机的行动只取决于其内部状态以及它所扫描的方格内的符号，这个行动要么

（ⅰ）改变所扫描的符号；

（ⅱ）向右移动一个方格；

要么

（ⅲ）向左移动一个方格。

下面是一个有穷的四元组列表，根据它们就可以完全确定一个图灵机：

	状态	被扫描的符号	行动	下一个状态	
（ⅰ）	q_i	S_j	S_k	q_l	（替换符号）
（ⅱ）	q_i	S_j	R	q_l	（右移）
或者					
（ⅲ）	q_i	S_j	L	q_l	（左移）

下面简要介绍一下这个图灵机的运行方式。

任何两个四元组的初始序对＜状态，符号＞都不相同，这反映了图灵机运行的唯一确定性。当机器碰到四元组中所没有的＜状态，符号＞组合时，它就会停机。如果机器在状态 q_k 时扫描如下方格：

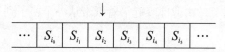

我们就将这种情境记为：

$$\ldots \quad S_{i_0} \quad S_{i_1} \quad q_k \quad S_{i_2} \quad S_{i_3} \quad S_{i_4} \quad S_{i_5} \quad \ldots$$

举例来说，假设这个图灵机有两个指令：$q_1 S_1 L q_2$ 和 $q_2 S_2 L q_2$，并且假设带子上没有空格：

$$S_1 \quad S_2 \quad S_2 \quad S_1 \quad S_2 \quad \ldots \quad S_1$$

机器在状态 q_1 时扫描第二个 S_1，也就是说，我们有：

$$S_1 \quad S_2 \quad S_2 \quad q_1 \quad S_1 \quad S_2 \quad \ldots \quad S_1$$

这样就可以执行指令 $q_1 S_1 L q_2$，之后我们所面对的情境就变成了：

$$S_1 \quad S_2 \quad q_2 \quad S_2 \quad S_1 \quad S_2 \quad \ldots \quad S_1$$

然后执行第二个指令，从而得到：

$$S_1 \quad q_2 \quad S_2 \quad S_2 \quad S_1 \quad S_2 \quad \ldots \quad S_1$$

重复这个过程，得到：

$$q_2 \quad S_1 \quad S_2 \quad S_2 \quad S_1 \quad S_2 \quad ... \quad S_1$$

现在没有以 $q_2 S_1$ 开始的指令了，因此机器就此停机不动。

在构造图灵机的四元组列表（也就是指令）时，把自己想象成这个机器并且每次只能看到一个方格，可能更有助于我们对此的理解。内部状态相当于对过去格局所做的"内心寄存"（mental notes），由此能唤起沿着纸带从一个格子到下一个格子的"记忆"。

当实际操作时，即使对于很简单的计算，这个四元组列表也会变得很长。因此，我们先给出一些基本图灵机，它们会执行一些基本任务，之后这些任务可能会出现在各种各样的复杂计算中。通常给 q 添加下标以组成基本图灵机，由此，在构造复杂图灵机时，就可以将其四元组列表中的字行改换为由已有的基本图灵机所完成的任务，从而将不同的基本图灵机连接起来。举例来说，如果第一个基本图灵机使用 $q_1, ..., q_{20}$，第二个基本图灵机使用 $q_1, ..., q_{12}$，那么我们就将第二个中的 q 重新记数，例如记为 $q_{21}, ..., q_{32}$。

基本任务的示例如下：

1. 搜索 S_j 的右侧。

状态	被扫描的符号	行动	下一个状态
q_0	S_0	R	q_0
q_0	S_1	R	q_0

$$\vdots$$

q_0	S_{j-1}	R	q_0
q_0	S_j	S_j	q_1
q_0	S_{j+1}	R	q_0

$$\vdots$$

| q_0 | S_n | R | q_0 |

这个机器在 S_j 处停机。如果我们想让机器执行更多指令，就要将 q_1 作为下一个四元组序列的初始状态。例如，将 q_0 处换成 q_1，将 q_1 换成 q_2，就可重复上述搜索，也能为第二个 S_j 找到向右搜索的起始点。"向左搜索"的图灵机与此类似。

2. 给 S 加标记符。

$$q_0 \quad S \quad S' \quad q_0$$

同样，

$$q_0 \quad S' \quad S \quad q_0$$

则是"给 S 去标记符"。即使我们将 S' 处理为一个单一符号，但它仍然具备一个可移动的标记符所具有的优势。若要在任一方格上加标记符，只需简单反复地将方格中的符号 S 换为 S' 即可。

3. 向右移动，消去所有标记符。

$$\left.\begin{array}{cccc} q_0 & S & R & q_0 \\ q_0 & S' & S & q_0 \end{array}\right\} 对字母表中所有符号 S, S'$$

如果我们希望这个机器在一个指定的符号处停机，比如说□，那么我们就删掉那些第二个输入为□的四元组。

[在某个形式或其他形式的图灵机中，标记符都是不可或缺的项。根本原因是任一机器在进程中都会约束其内部记忆，也就是说，限制内部状态的数量，而一般的计算并不限制记忆总数。例如，仅仅依靠内部状态，一个机器是无法比较带子上两个符号串的长度的。因为如果一个机器有 n 个内部状态，那么这个机器在分别遍历长度至多为 $n+1$ 的两个符号串之后，会达到相同的内在状态。因此，在这种情况下，我们只能求助于它们在带子上留下的标记符。最显而易见的方法就是，在两个串之间来回穿梭，每次访问一个符号串时就在它所访问的方格上做一个标记，直到穷尽其中一个符号串为止。（也可参见后面的例子。）]

4. 将已扫描方格右边的每个符号向右移动一格。

图灵机规定，每个 S_i 都有两个特殊状态。为了更清楚地展示它们的作用，我们以加下标的方式介绍这两个状态，而不是编号。一个状态是"记住 S_i"，记为 q_{RS_i}，它表示的是，当机器看到符号 S_i 时便进入这个状态。另一个状态是"传送 S_i"，记为 q_{DS_i}，它表示的是，当机器离开前一个承载 S_i 的方格时，它就会呈现状态 q_{DS_i}。

于是，对每对机器中的符号序对 S_i, S_j，我们有如下四元组：

$$q_0 \quad S_i \quad S_i \quad q_{RS_i}$$
$$q_{RS_i} \quad S_i \quad R \quad q_{DS_i}$$
$$q_{DS_i} \quad S_j \quad S_i \quad q_{RS_j}$$

如果我们想让机器在达到某个标记符为 S_k 的方格时终止，那么我们就将 q_{DS_i} 四元组换成某个终止状态。

接下来看一个由基本任务综合而成的复杂任务的示例。有一个图灵机，它重复给定由 1 组成的串。初始情况如下图中第一行，是在应用四元组和基本任务之后的情形。这个机器一次复制一个方格到带子的空白处，且在复制之前，先给要复制的符号加上标记符。当机器发现所给的串中没有未加标记符的符号时，也就是当该符号串中各个符号所在的方格都被标记过时，它就会知道它已经复制了整个符号串，所以就会消除之前加上的标记符，并且终止。

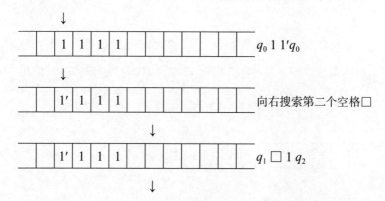

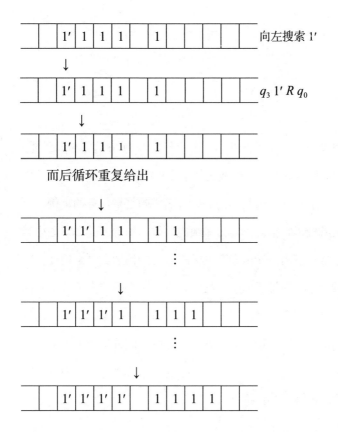

在此点上，图灵机处于扫描□的状态 q_0，这是一个不曾给出的四元组，于是现在有指令："向左移动，去掉标记"，应用这个指令之后，则有：

将基本任务扩展至四元组的列表，再将状态的下标处理妥
当以便与后续的基本任务衔接，就此，我们得到了这个机器的
标准表。

部分递归函数

我们取一个长度为 $n+1$ 的串，作为向图灵机表达一个数字
n 的标准方式（我们需要一个对于 0 的标记，因为这样机器才
知道它正在表达一些东西）。$\phi(n)$ 是 M 在完成以表达数字 n
为开始的计算后剩于 M 带子上的数字。之所以称为"部分的"
（partial），是因为并非每个 n 都能引导一个完整的计算——M
有可能不会停机。

同样，一个 k 元组数字（即 k 个数字按序排列而成的集合）
表述为由单个空白方格分隔开来的 k 个串，并且 k 元部分函数
同样与 M 相关联。

> **定义**：如果部分函数 ϕ 能以上述方式关联到某个图灵
> 机 M，那么 ϕ 称为部分递归的（partial recursive）；如果
> ϕ 的定义是相对于所有主目的（即 ϕ 是完全函数），那么
> ϕ 称为递归的。

因此，如果我们认同图灵机可以完成所有计算，那么可计算的部分函数恰是部分递归函数。（我们不得不也考虑部分函数，而不是只考虑完全函数，因为不存在一种可计算的方法，可以过滤掉不完全的部分函数。这一点将在之后讨论停机问题时显现出来。）

在前述所给的图灵机示例中，函数 $\phi(n) = 2n$ 是部分递归的，并且很容易就能构造出一个机器，以证明 $\phi(m, n) = m \times n$ 及其他的一般函数都是部分递归的。

与可计算性概念相关的另一概念是算法可解性问题（solvability of problems by an algorithm）。这类问题是指如何可以找到一种统一的方法，来回答关于无穷类的问题 Q。例如，Q 可能是 "c 是不是 a 与 b 的最大公约数（a, b, c 均为自然数）？"。众所周知，我们可以用欧式算法解决这个问题，并且可以构造一个图灵机 M，M 可以取任何一个三元序组 $<a, b, c>$，而且最终会标出 "YES"（也就是，如果在写着 1 的方格处停机，那么对 Q 的回答是 "YES"），否则会标出 "NO"（如果在空格 □ 处停机）。

一般地，如果问题 Q 在一些有穷字母表中有某种自然的表述，那么就可以将它放在一个图灵机的带子上，之后就能给出如下定义。

定义：问题类 Q 是可解的（solvable）或可判定的（decidable）。也就是说，对于任一 Q，存在一个图灵机 M，如果对 Q 的回答是"YES"，它最终停在 1 处；如果回答是"NO"，则停在□处。

图灵机的标准描述

本节我们给出一个基本的论证方法，即所谓"对角线"或"自指"（self-reference）方法。康托尔对实数不可数性以及断定自身不可证的哥德尔句（详见下一章）的证明，利用的都是这个方法。尽管对角线方法常常受到质疑，但实际上它非常具体、并非想象，也不是悖论。对于图灵机而言，它建立在这样的事实之上：任一图灵机可以用有穷符号序列来描述，而图灵机所作用的对象恰恰就是这些有穷符号序列。

由于每个图灵机都只需要有穷多个符号，所以我们可以不失一般性地假设，这些符号都取自□，1，$1'$，$1''$，$1'''$，...，状态符号也都是从 q，q'，q''，q'''，... 中选择的。因此，如果我们将在前所述的看作是□，1，q，和 $'$ 构成的符号串，那么任一四元组就可以只用□，1，q，$'$，R，L 这六个符号写出来，并且我们可以把用这个六个符号写出的四元组串起来组成一个词，以表示任一图灵机。比如，下述机器：

$$q_0 \quad 1 \quad R \quad q_1$$
$$q_1 \quad 1'' \quad 1' \quad q_2$$

就可以表示为这样一个词：

$$q1Rq'q'1''1'q''$$

这样的表示不会有歧义，因此可以作为图灵机的输入。但是，由于我们将机器限制在符号□，1，1'，1''，... 中，所以必须先将上述六个符号按如下方法编码到标准字母表中：

$$\square \quad \leftrightarrow \quad \square$$
$$1 \quad \leftrightarrow \quad 1$$
$$' \quad \leftrightarrow \quad 1'$$
$$q \quad \leftrightarrow \quad 1''$$
$$R \quad \leftrightarrow \quad 1'''$$
$$L \quad \leftrightarrow \quad 1''''$$

这个与机器 M 相关联的字母表中的词被称为 M 的标准表达，记为「M」。

不可解问题

考虑一个无穷问题类［所谓"停机问题"（halting problem）

的形式之一］：

Q_M：M用在「M」上是否最终会停在□？

可以合理地假设用「M」来描述问题 Q_M，因为「M」这个词包含了所有必要的信息。那么，如果用一个机器 S 解决这个问题，则 S 从「M」中取词，并且如果 Q_M 的答案为 "YES"，则最终停在 1，如果答案为 "NO"，则最终停在□。

那么问题来了，将 S 应用到「S」的话结果会怎样？如果 S 停在 1，则表明对问题 Q_S 的回答为 "YES"，即应用「S」之后 S 停在□处。同理，如果 S 停在□，就表明对 Q_S 的回答是 "NO"，换言之，S 就不会停在□。如此一来，便出现了矛盾，并且这一矛盾证明了 S 不存在，也因此，对于问题类 Q_M 所表达的问题，不存在普遍的解法。即 Q_M 是算法不可解的。

或许有人认为，之所以问题会出现，是因为我们采用不恰当的习惯性的理解去认识机器所发出的信号 "YES" 与 "NO"。但是，即便存在另外一个基于非习惯性理解的机器 T 并且用它解决上述问题，T 还是能转换为基于习惯性理解的机器，转换方法也很简单，只需将 T 的 "YES" 换成 1，"NO" 换成□。而按这种方法构成的复合机器不可能存在，因此 T 也就不存在。

同样的论证也适用于这个问题的其他结果，即 Q_M 的其他表达方式。对于 Q_M 的任一合理表达，都会存在一个图灵机可以将「M」转换到这个表达中，由此，就能以新的表达方式将它与所假设的解法相关联，然后再给出一个已经证出不可能的解法。

特别地，这个问题可以表述为纯算术形式——将「M」解释为基数为 6 的数字，并尝试计算如下题目：

$$\psi\,(M) = \begin{cases} 1，如果 Q_M 的答案为 "YES" \\ 0，如果 Q_M 的答案为 "NO" \end{cases}$$

因为没有机器能做到这一点，所以 ψ 是一个非部分递归函数。

而另一个导致此复杂问题的深层原因或许能表述如下：如果它们都基于病态的"自指"结构，那么这种不可判定性结果有什么数学意义呢？对此的回答虽然出现在貌似健康的谓词演算与群论的结构中，但它同样是病态的。我们可以证明（如同我们在谓词演算中做的那样）这两种理论中任一演绎问题的解法都会产生 Q_M 的一个解法。

通用机

可能有人会指出，之所以 Q_M 问题不可解，是因为单个机器不足以涵盖所有机器的工作。实际上，通用机（universal machine）U 的确存在，它是这样一个机器，取任一机器的标准描述 $\ulcorner M \urcorner$、任一带模式 P 的编码 $\ulcorner P \urcorner$，然后模拟 M 作用于 P 的动作。由此，我们被迫得出这样一个结论：U 仍然没有摆脱不可解问题。

如果给定词 $*\ulcorner M \urcorner*$ 和 $*\ulcorner\ulcorner M \urcorner\urcorner*$，那么像如下定义的那样，$U$ 将模拟 M 应用 $\ulcorner M \urcorner$ 之后的动作。（我们用 $*$ 作为标记符，这样就能检测带子上相关部分的终点，并且把机器的描述和带子上的数据区别开来。）因此，没有能行的算法用以判定在应用这种形式的词之后 U 最终是否会停在 □ 处；又因为 □ 的编码就是 □，所以 M 会停在 □ 处，当且仅当，模拟程序停在 □ 处。由此种种，可以合理地推断：不可能存在一个算法，来判定下面这个更广泛的问题类：

Q_W：当 U 应用于一个词 W 后，最终是否会停在 □ 处？

将 Q_M 问题"压缩"为单个机器的问题对谓词演算不可判定性的证明至关重要。因为我们最终将把机器 U 编码为谓词演算中的一个公式 ϕ，并将 U 对给定输入的影响编码为 ϕ 的后承。

现在，一旦我们意识到存在一种算法可以重复给定机器在带子 P 上的作用，那么通用机的存在就显而易见了。标记符用于给 M 四元组中的当前内部状态和 P 上正被扫描的方格加标。

运行模式很简单，在它们之间前后移动，根据四元组的指示实现 P 中的改变，然后找到以下一个状态为初始的四元组，再给它加上当前状态的标记符，等等。

U 仅有有穷多个内部状态，因而它只能"记得"有穷多个不同的符号，这样便产生了一个技术难题。这意味着 U 必须利用不同长度的符号串，去表示 M 中被模拟的不同的状态和符号，并且十分费力地、一个方格挨一个方格地比较符号串，来看它们是否是相同的符号。同样，要用一个符号替换另一个符号，U 就必须用一个串替换另一个串，而且通常这两个串的长度是不同的。因此，U 的部分带子模式必须将一个方格重复转换到右边或左边，直到新创造的串找到适合自己的空间。

通过综合一些基本任务（类似前述的基本任务 1—4），我们可以完成上述的所有操作。而且如果能给出一个 U 的基本结构图，那么会比尝试列出成百上千个四元组的做法更好。

如上所述，U 应用于形如 $*\ulcorner M\urcorner**\ulcorner P\urcorner*$ 的带子上，标记符保持在 M 的当前状态和 P 中正被扫描的符号串上。（当然，$*$ 是标准字母表中的某个符号，例如 $1''''$）。有了当前状态串，也就有了"当前符号串""当前动作串"和"下一个状态串"。U 可以被描述为下面的流程表：

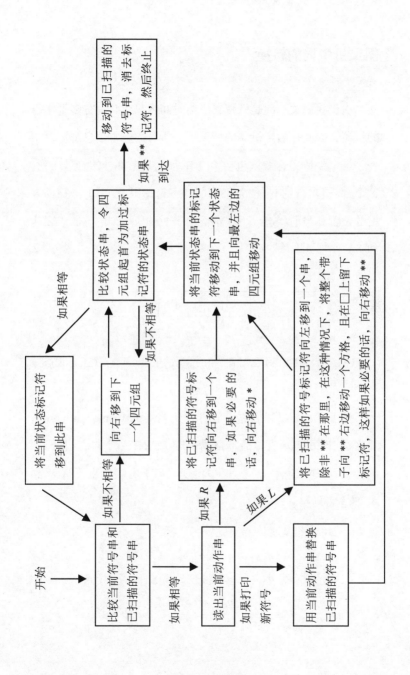

图灵机中词的转换

　　由于我们关心的是纸带在所给时间内只包含有穷多个字符的机器，因此在给定机器的情况下，所有的基本信息都可以用一个词来编码，这个词包括（i）纸带上某个部分的符号序列，这个部分包含已扫描的方格和所有字符，以及（ii）已扫描方格的位置和当前状态。下述示例给出一种获得词的方法。表达如下：

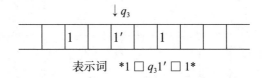

表示词　$*1 \square q_3 1' \square 1*$

（状态符号放在表示已扫描方格的符号的左边，而 * 是终止标记符。）

　　接下来，如果我们称一个词 W 为格局词（situation word），那么词 W' 则表示直接后承格局。W' 取决于一个包含组合 $q_i S_i$ 的转换，其中组合 $q_i S_i$ 在 W 中出现。如下方法给出了从 W 到 W' 的全部转换。

四元组类型	转换
$q_i \ S_j \ S_k \ q_l$	$q_i S_j \succ\!\!\rightarrow q_i S_k$
$q_i \ S_j \ R \ q_l$	$q_i S_j S_k \succ\!\!\rightarrow S_j q_l S_k$ （对每一个 S_k）
	$q_i S_j * \succ\!\!\rightarrow S_j q_l \square *$

$$q_i \quad S_j \quad L \quad q_l \qquad S_k q_i S_j \rightarrowtail q_l S_k S_j \text{（对每一个 } S_k\text{）}$$
$$*q_i S_j \rightarrowtail *q_l \square S_i$$

实际上，当需要进一步向左或者向右移动 q 符号时，* 就会提供新的可用的空白方格。

因此，所给机器 M 可以通过由词的转换所组成的有穷集合来表示，其中词的转换与机器 M 的四元组相对应。给定任一格局词，最多有一个转换应用于它，而所得的词的后承恰当地反映了 M 的格局后承。特别地，M 在 $\square$ 处停机的格局与一个包含组合 $q_h \square$ 的词相对应，其中 $q_h \square$ 并不出现在 M 的任何转换的左边。

我们将每个这样的组合都添加到 M 的转换中：

$$q_h \square \rightarrowtail \diamond \text{（} \diamond \text{是一个新符号）}$$

并且有：

$$\left. \begin{array}{l} \diamond\ S \rightarrowtail \diamond \\ S\ \diamond \rightarrowtail \diamond \end{array} \right\} \text{对任一其他符号 } S$$

这样一来，无论机器 M 在哪个词上停机，那里都出现一个符号 $\diamond$，这个符号吞掉了所有其他符号，只剩 $\diamond$ 自己。与 M 的转换不同，上述转换并非是完全确定的（虽然可以被排列），因为对于一个给定的词，有多个转换可以施之于它。但是只有当初始格局词导致在 $\square$ 处停机的时候，它们才得以实行。

让我们把这个扩展的转换集称为 M-演算，并记为 $W_1 \rightarrowtail W_2$，一般来说，如果 M-演算中有一个转换序列，则将 W_1 转换到 W_2。此外，如果 W 是一个格局词，则有 $W \rightarrowtail \Diamond$，当且仅当，$W$ 所描述的格局最终导致 M 在 □ 处停机，因此当 M 是一个对后一个问题不可解的机器时（例如 U），我们就得到下列不可解问题：

对于任一给定词 W，是否可以通过 U-演算的转换来判定 $W \rightarrowtail \Diamond$？

谓词演算中词转换的表示

在这一部分中，通过上述 U-演算中的转换问题，停机问题最终将转化为谓词演算中的可演绎性问题。我们使用一种语言，其中将 U-演算的每一个符号 □，1，$\Diamond$，* 等作为常项；函数 f 将词连接在一起；Tr 是一个单一的二元谓词，表示转换。

众所周知，从原则上来讲，常项符号和函数符号其实可以从谓词演算中消除出去，就像允许用常项替换变项的规则一样。但我们之所以使用它们，是因为它们会使词的转换和演绎之间的并行关系更加透明。

1. 将词连接在一起的函数。

考虑函数 $f(x, y)$，为简便起见，我们记为 (xy)，由如下公理规定：

(1) $$(x(yz)) = ((xy)z)$$

任何词都可以被视为一个常项，例如 $*\,\square\,q_3 1*$ 就是 $(*(\square(q_3(1(*)))))$，并且公理（1）允许我们以任何方式重新排列括号，所以括号实际上是无关紧要的，因此我们从现在开始将它们省略。

2. 转换公理。

我们来看这样一个公式 $t_1 \rightarrowtail t_2$，其中，项 t_1, t_2 都是谓词演算中的公式。[读者如果愿意的话，也可以将这个公式表达为更传统的 $\mathrm{Tr}\,(t_1, t_2)$。] 如果 t_1, t_2 是常项 W_1, W_2，那么公式 $W_1 \rightarrowtail W_2$ 说的就是：利用 U-演算，W_1 可以转换到 W_2 中。

我们意图写出充足的公理，从而保证公式 $W_1 \rightarrowtail W_2$ 的可演绎性，当且仅当 $W_1 \rightarrowtail W_2$ 确实成立。

首先，为 U-演绎中的每个转换 $T \rightarrowtail T'$ 写出一个：

(2) $$xTy \rightarrowtail x\,T'\,y$$

如果在 U-演算中 W 是 W' 的直接后承，那么我们可以推断 $W \rightarrowtail W'$，W 为下述形式：

$$W = XTY$$

对某些词 X, Y 和 U-演算中出现在转换左边的 T。并且：

$$W' = XT'\,Y$$

将常项 X, Y 替换为变项 x, y，我们可以由（2）推演出 $XTY \rightarrowtail XT'\,Y$。同样清楚的是，所有由（2）可推演的关系 $W \rightarrowtail W'$ 都准确地表现了 U-演算中的直接后承。

现在，如果 W_2 是任一可以转换为 W_1 的词，为了证明 $W_1 \rightarrowtail W_2'$，我们必须加上：

（3） $(x \rightarrowtail y \,\&\, y \rightarrowtail z) \rightarrow (x \rightarrowtail z)$

并且由此可知，任意由（3）的演绎都正确地表达了现实世界中的转换。

于是我们得到：

$((1) \,\&\, (2) \,\&\, (3) \rightarrowtail W_1 \rightarrowtail W_2)$，当且仅当，$W_1 \rightarrowtail W_2$

3．公理的消除和不可判定性。

由于 U-演算中只有有穷多个转换 $T \rightarrowtail T'$，其中会有一个公式 ϕ 是（1）（2）（3）的合取式，所以有：

$W_1 \rightarrowtail W_2$，当且仅当，$\phi \vdash W_1 \rightarrowtail W_2$，当且仅当，$\vdash \phi \rightarrow (W_1 \rightarrowtail W_2)$。

特别地，对于任一词 W，有：

$W \rightarrowtail \diamondsuit$，当且仅当，$\vdash \phi \rightarrow (W \rightarrowtail \diamondsuit)$。

给定任一 W，我们完全可以构造公式 $\phi \rightarrow (W \rightarrowtail \diamondsuit)$，所以如果我们能判定此公式是否可演绎的，我们也就能判定是否存在 $W \rightarrowtail \diamondsuit$。

由于前文所述的不可解问题，谓词演算中的可判定性问题也是不可解的。也就是说，没有一个算法使我们可以判定如下问题：谓词演算中的任一公式 ψ，是或不是从谓词演算的公理中可演绎推出的。

根据完全性定理，谓词演算中的可演绎公式恰好是那些逻辑有效的公式，所以，也就证明了不存在判定一个公式是否逻辑有效的算法。

第五章

哥德尔不完全性定理

20 世纪早期，数学家希尔伯特（Hilbert）提出了这样一个难题：寻找含且仅含真数学命题的形式系统。这就是"希尔伯特纲领"（Hilbert's programme）。但是，这个纲领却被形式算术这样简单的一个东西破坏了。所谓形式算术指的就是处理自然数 0，1，2，…，以及加、乘等算术基本运算的形式系统。1931 年，哥德尔证明，如果一个形式系统，包含算术，我们称之为 F，那么（i）存在这样一个 F（实际上是算术的）命题，它真但不可证；（ii）要证明 F 的相容性，需要一个强于 F 的系统。

本章将介绍一个算术系统，它足够强，强到能够处理我们想要处理的所有一般算术问题，包括著名的费马大定理（Fermat's last theorem）。本章也将展示一个表达"此命题不可证"的公式。这个公式为真，那么显然它是不可证的。

实际上，给出这样一个公式很简单，稍后我们会把细节填补完整。现在，先考虑一个简化为 $\exists x \, \mathrm{Pf}^+(x, b, c)$ 的公式。这个公式为真，仅当 x 是这个公式的一个证明的哥德尔数（后面给出这个概念的解释）。这个公式是将其中的自由变项 y，替换为编码 $\bar{c}$（也将在后面给出解释）之后得到的那个公式，其自身的哥德尔数是 b。当这个公式被解释为寻常的整数时，就是说存在一个 x，使得，当公式中唯一的自由变项被替换为编码 $\bar{c}$ 时，x 恰是这个公式的一个证明的哥德尔数。在替换之前，这个公式的哥德尔数是 b。

现在来看公式 $\neg\exists x \operatorname{Pf}^+(x, y, y)$。假设这个公式本身的哥德尔数是 g。我们要研究的是，如果将数字 g 的编码 $\bar{g}$ 代入公式中的 y，会发生什么？检验这个公式（后面还将提到）会发现，它所表达的是，不存在这个公式自身的一个证明，但它又确实为真。之所以不存在这个公式自身的一个证明，是因为如果存在证明的话，那将导致矛盾。实际上，我们可以论证出不仅这个公式的证明不存在，连其否定的证明也不存在。当补好所有细节后，我们现在所得到的是一个为真但不可证的公式。进一步讲，我们还能得到另一个结论，即：在算术中，不能证明算术自身的相容性。而对这个结论的论证需先对前述论证进行形式化，这也是之后要介绍的内容。

现在回到开头所说的算术问题。算术至关重要的特性是什么？我们希望能谈论零，并且给定任意一个数，我们都能给它加 1。另外，我们还希望能做到另一件重要的事，那就是数学归纳（mathematical induction）。从直观上讲，数学归纳就是如果零具有某种性质，并且如果某个个体数 n 具有这个性质，则 n+1 也具有。由此可知，每个数都具有这个性质。这有点类似高中数学所讲的内容。在写公式时，很明显能发现某些公式可以用来处理数以及归纳，正如之前所说，如果一个形式系统中包含了算术的任一合理的形式系统，那么哥德尔不完全性定理就可成立。因此，我们将给出一个相当简单的形式系统。

给出这样一个形式语言，其中含有常项符号 0，解释为自然数零；含有一元函数符号 s，读作"后继"，其解释是"增加一个"；这个语言中还有 +，× 以及 =，分别解释为加法、乘法和等于。除此之外，还有通常的谓词演算工具。当然还有很多其他内容，甚至包括取值为函数的变项，等等，所有这些并没有什么特别之处。证明也将一如既往。但是，当我们谈到公理的问题时，的确会发现也有一些不同之处。对于公理的添加是有特定限制的，即如果我们添加无穷多个公理，那么不能证明哥德尔定理。例如，若在我们的形式语言中添加所有为真的算术命题作为公理，则所有真命题都是可证的，并且所有可证的命题都是真的。但是若我们增加任意有穷多个公理或公理模式，则可以实现哥德尔构造。

那么，我们要选取什么样的公理作为算术公理（axioms for arithmetic）呢？事实上，有以下几个公理就足够了。首先是等词公理，本书第三章已经有所涉猎。本质上，我们需要的等词公理有：

（i）$x = x$

（ii）$x = y \rightarrow (x = z \rightarrow y = z)$

（iii）$x = y \rightarrow (A(x, x) \rightarrow A(x, y))$，对于语言中任一带两个自由变项的公式 A。也就是说，因为我们把 x 和 y 看作同一对象，所以，如果 x 和 y 相同，那么其中一个的任一性质也是另一个的性质。而这些就是关于等词的寻常公理。

那我们需要哪些特殊公理呢？皮亚诺（Peano）给出了非形式数学中的公理集，这些公理恰好刻画了自然数。而事实证明，只要对照这些公理写出相应的公理，就足够满足我们的目的了。第一个公理是说，0 不是任何东西的后继：

（a）$\neg 0 = sx$

下面一个公理是说，给定任一个数字，其后继是唯一的：

（b）$sx = sy \rightarrow x = y$

接下来，我们还需要一些关于加法运算和乘法运算的公理：

（c）$x + 0 = x$

（d）$x + sy = s(x+y)$

（e）$x \times 0 = 0$

（f）$x \times sy = x \times y + x$

之后我们也会采用这种记法。虽然从形式上讲，比如，应

该写成 + (x, y), 而不是为了简便写成 $x+y$。但这只是技术技巧的区别罢了。

我们还需要一个归纳公理, 但不需要任何关于其他函数的公理, 因为我们认为那些任何人都能想到的公理都可以从上述公理中直接得到。然而, 归纳公理却十分特殊, 尽管它并非一个真正的公理, 而是一个公理模式。给定任一带一个自由变项 x 的公式, 例如 P (x), 我们取下面这个公式作为归纳公理模式的一个代入实例:

(IS) (P (0) & $\forall x$ (P (x) → P (sx))) → $\forall x P$ (x)

现在我们要问: 这一系统是否足够强, 强到可以给出我们想要的所有东西? 还是直接给出答案吧, 我们可不想挑战读者, 答案是: "是的"。就像下面这个例子一样, 在这个系统中, 要表达 x 可被 y 整除, 仅仅给出公式 $\exists z$ ($x \times z = y$) 就可以。相应地, 通过上述整除 x 的数可以很容易地写出一个表达 x 是素数的公式。

我们也有所有数字 0, 1, 2, ... 的表达式。在形式系统中, 它们分别被表达为编码 (numeral) 0, $s0$, $ss0$, ...。$\bar{n}$ 表示把 n 个 s 放在 0 之前而得到的串。

我们可以对这些记法稍作修饰。如果对以上所说觉得不太清楚, 我们可以按部就班地写成 s (s (0)), 而不是 $ss0$, 也就是 2 的表达式。如果我们要用这种记法来表达 2+2=4，就是：

$$(*) \quad s\,(s\,(0)) + s\,(s\,(0)) = s\,(s\,(s\,(s\,(0))))$$

由此，之前所说的那些就可以通过数字来表达为一个公式。针对这项算术化的工作，哥德尔发明了一种方法，即著名的哥德尔编码。而对于我们的语言，我们所做的和要做的就是通过这种方法为语言中的所有初始符号都指派一个数字，也就是哥德尔数（Gödel number）。如初始符号 0（也就是数字零），我们给它指派哥德尔数 1。（之后我们会提到，从技术的角度，我们希望哥德尔数是不包含零的。）为 s 指派哥德尔数 2，为 + 指派哥德尔数 3，等等：

0	1
s	2
+	3
×	4
=	5
(	6
)	7
,	8
x	9
|	10
¬	11
&	12
∃	13

我们希望在语言中能有很多变项 x_1, x_2, x_3, ...。因此，我们采用一个很简便的记法，就是在上述列表中的 x 上加一些小竖线做下标，这样就得到：$x_|$, $x_{||}$, $x_{|||}$, ...，此后我们就采用这种记法。上述列表给出了我们的语言中所有符号所对应的哥德尔数。如果还有其他符号，我们同样可以为它们指派哥德尔数。当然，在语言中仅使用有穷多个符号是比较便利的，这就是我们为什么在 x 上加竖线下标代表变项的原因，虽然这并非是必需的。

你可以选取上述那种糟糕的表达式（＊）来表达 2+2=4，然后将 $s(s(0)) + s(s(0)) = s(s(s(s(0))))$ 对应到下面这样一组哥德尔数：

3 6 2 6 2 6 1 7 7 8 2 6 2 6 1 7 7 7 5 2 6 2 6 2 6 2 6 1 7 7 7 7

之所以这样做完全没问题，是因为我们清楚地知道如何用这堆哥德尔数还原公式 2+2=4。但当我们面对如 139 这样的哥德尔数时该怎么办？我们是将它看作 13（∃ 对应的哥德尔数）与 9（x 对应的哥德尔数）的组合，还是看作 1（0 对应的哥德尔数）、3（＋ 对应的哥德尔数）和 9 的组合呢？换言之，是将它看作表达式 ∃x，还是 0+x 呢？面对这种情况，我们无法判断该如何解释这组哥德尔数。因此我们需要一个方法，用于区别两个或多个可能的解释。现在假设我们取一个简单的哥德尔数 9 720 000 000。我们可以将其写成 $2^9.3^5.5^7$，这种记法是唯一的，只要底数是按顺序排列的素数。我们可以确信，$2^9.3^5.5^7$ 编码了哥德尔数序列 9，5，7，因为按照上述方法，对一个哥德尔数序列恰恰只有一种编码方式。同样地，我们将 $x = 0$ 进行编码，也可以得到唯一的哥德尔数。由此，如果这样来运用素数，我们就能将一整串哥德尔数编码成一个简单的数，反过来，对一个给定的哥德尔数，我们总能通过因式分解，唯一地确定它在我们的语言中对应的表达式。虽然这个哥德尔数在编码后可能变得十分庞大，但在理论上这对我们没什么影响。例如，对 2+2=4 的形式表达式（＊）所对应的哥德尔数进行编码后，所得到的是：$2^3.3^6.5^2.7^6.11^2.13^6.17^1.19^7.23^7.29^8.31^2.37^6.$ $41^2.43^6.47^1.53^7.59^7.61^7.65^5.71^2.73^6.79^2.83^6.89^2.97^6.101^2.103^6.107^1.$ $109^7.113^7.127^7.131^7$。如果把它精确计算出来，这将是相当大的一个数字。但没有关系，因为理论上我们总是可以算出这些数字的，而且数学只要理论上可行就可以了，不论是否能计算出这些编码表达式。再看另外一个例子，假如我们想对 $\neg x = 0$ 编码，且知道 $\neg$ 对应哥德尔数 11，x 对应哥德尔数 9，= 对应哥德尔数 5，而 0 对应哥德尔数 1。那么整个公式的哥德尔数就直接可以表达为 $2^{11}.3^9.5^5.7^1$。如果我们把 ϕ 的哥德尔数记为 $\ulcorner \phi \urcorner$。于是便有 $\ulcorner \neg x = 0 \urcorner = 2^{11}.3^9.5^5.7^1 = 881\ 798\ 400\ 000$。当然，也存在并非公式编码的数，例如 3，由于 $3 = 3^1 = 2^0.3^1$，

而 $2^0 \cdot 3^1$ 是对 0，1 所进行的编码，但序列 0，1 并不对应我们
语言中的某个公式，因此 $2^0 \cdot 3^1$ 也就不是某个公式的哥德尔数。
但这也无关紧要，因为我们总能判断是否可以对某个东西进行
编码，原因在于所有的指数都取自 1 至 13 之间，而且这些是
我们用得到的所有指数，此外无他。

　　正如前面所说，我们可以用编码表达数字。也就是说，我
们用 0 表达零，用 $s(0)$ 表达一，用 $s(s(0))$ 表达二，等等。
但现在的问题是，我们想知道能否造出一个机器，用来判定 n
是否为某个编码的哥德尔数？或者换种问法，编码可能的哥德
尔数是什么？对于一个编码，要么它是 0，要么它是一个以 s
开头（s 的哥德尔数为 2），其后为成对的括号括住的已有编码。
下面我们就按这个设想把这个机器写出来。

　　当然，还有很关键的一点，就是所有的这些都得是可计算
的（实际上，我们可以找到另外一个机器，它能在有穷步骤内
判断出 n 是否有这种性质）。现在，在我们的语言中，表达式
的编码可以这样定义：常项符号 0 是零的编码，并且如果存在
一个编码 θ，那么 $s(\theta)$ 也是编码。因此，如果一个机器只需
计算某个数是否为一个编码的哥德尔数，它似乎可以这样做：
首先输入要判定的数。自然数零有哥德尔数 1，它是仅含一个
元素的序列，在编码后，我们便有序列为零的哥德尔数 2^1，且
编码 $2^1 = 2$。那么我们首先会问：是否 $n = 2$？如果答案是肯定

的话，就大功告成了，因为这恰是编码 0 的哥德尔数。如果答案是否定的，那么我们给它进行因式分解，来看所得结果中前两个素数的指数是否分别为 s 的哥德尔数（即 2）、左括号"（"的哥德尔数（即 6），再看分解出的最后一个素数的指数是否为右括号"）"的哥德尔数（即 7）。若答案是"NO"，那么待判定的这个东西就不可能是编码。如果答案是"YES"，我们就可以移除相应指数为 2、6 和 7 的 s、左括号"（"以及右括号"）"，将所剩的数字重新编码为 n*，然后回到起始进行新一轮判定。如此一来，这个数就会越来越小，而最终，要么得到一个否定答案：这不是一个编码；要么得到一个肯定答案：这是一个编码。无论在哪种情况下，机器最终都会停机。

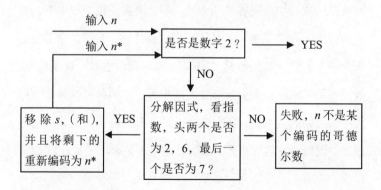

接下来，让我们回顾公式的定义（第 23—24 页），你会从中发现我们如此独特地定义公式的另一个原因。在当下所涉及的系统中，我们用到的唯一的谓词符号是"="，因此，基本公

式就是有意义的等式。这也就是说，某些（可能是复杂的）带有加法、乘法以及后继等运算的表达式等于另外一些（可能是复杂的）表达式。我们不接受 $0 = \neg + \neg$ 这样的表达式。这个定义的第二条是说，如果 A 是一个公式，那么 $\neg A$ 也是。如果 A 与 B 是公式，则 $(A \,\&\, B)$ 也是。第三条是说，如果 A 是公式，v 是一个变项，那么 $\exists v A$ 是公式。（在当下的情况中，变项是带有一串小竖线作为下标的 x。）定义中最后一条指出只有上述条件中的公式是公式。

因此，当我们要实际应用一个公式时，为了判定所给的符号序列是否为一个公式，我们首先要看它是否为一个等式。如果回答是"YES"，那么我们就完成任务了，因为这个符号序列就是公式。如果回答是"NO"，那么就需要进一步考查，看它是否为 $\neg$ 所引导的。若是，我们就移除它，来看其余部分是否为一个公式，若回答是"YES"，那么我们也就完成了任务。若回答是"NO"，那么就重复上述步骤，直到我们移除所有作为序列起始的 $\neg$。最后我们终会得到一个不以 $\neg$ 为起始的符号序列。继而对它再次进行考查，看它是否形如 $(A \,\&\, B)$（也就是说，先有一个左括号，然后一个符号串，一个 &，然后又一个符号串，最后是右括号）。若是，我们就继续考查 A 和 B 是否为公式，若不是，我们就继续考查，看符号序列是否为 $\exists$ 所引导。通过层层考查，这个符号序列会越来越短，因此这个程序最终会在某一刻终止。

现在我们对哥德尔数做同样的事。首先，我们需要构造一个机器，它能回答我们 n 是否为一个公式的哥德尔数。我们称这个问题为 Q。回顾之前所述，一个公式的哥德尔数，即形如 $2^p \cdot 3^q \cdot 5^r \dots$ 的数，其中的指数是公式中符号的哥德尔数。

为了举例说明，先假设我们已经有了另外某个机器，它能做一些简单的判定，如判定一个数是否为等式或变元的哥德尔数。那么这个机器如何运转呢？首先，我们取一个数 n，看它是否为一个等式的哥德尔数。如果回答是 "YES"，我们就大功告成了。如果回答是 "NO"，就需要进一步考查，看 n 是否为一个 ¬ 所引导的表达式的哥德尔数。（如下页图。）换种方式来讲，2^{11} 是否可整除 n，并得到一个奇数？这是相当直接的数值演算，虽然麻烦但肯定是能行的。如果回答是 "YES"，那么就移除 ¬，再进行编码。也就是，首先移除 2^{11}，然后把剩下的以 2 为起始的素数放回，其指数除了移除之前为起始的 11，其余不变。就前面的例子 ¬$x = 0$ 来看，我们现在得到的是 $x = 0$ 的哥德尔数。当有了这个重新编码的哥德尔数后，我们回到开始的步骤，输入重新编码的哥德尔数（即 $x = 0$ 的哥德尔数），并将得到肯定的答案。

而对于公式定义中的其他条目，我们还未考虑。所以还有可能得到否定的回答。如果在开始时，表达式不是由 ¬ 引

导的，也不是等式，那就有可能是一个合取式。因此我们要考
查（如果我们得到的仍然是否定的答案的话）：n 是否为形如
（$A \& B$）的表达式的哥德尔数？这里，A 和 B 都不是公式，而
是符号串。

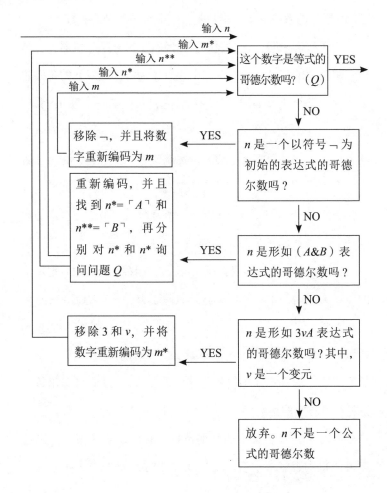

如果确实存在这种形式的表达式，那么就要将 A 和 B 分别重新编码为 $n*$ 和 $n**$。当下所谓的重新编码，是指 n 将以 2^6 为起始，以一个素数的 7 次方为结束。取 A 中相应的指数，并将它们重新编码为 $n*$。类似地，将 B 重新编码为 $n**$。我们将 $n*$ 和 $n**$ 分别记为 $\ulcorner A \urcorner$ 和 $\ulcorner B \urcorner$。这些数字小于编码之前的那些数。现在，我们将上述的问题 Q 分别施之于 $n*$ 和 $n**$，即 $n*$ 或 $n**$ 是否为某个公式的哥德尔数？如果它们都是，我们就能得到一个完整的肯定回答。如果其中一个不是，那么机器会输出"NO"，并且我们得到的不是真正的公式。当然，最终我们对"形如（A & B）的公式是否为公式？"这个问题的回答是"YES"。

如果没有得到回答"YES"，我们就得另寻他法，继而考查：n 是否为 ∃ 所引导的表达式的哥德尔数？其中，这个表达式以 ∃ 为起始，随后跟着一个变项，再之后是一个符号串 A。如果回答是"YES"，那么就移除 ∃ 以及随后的变项，重新对 A 进行编码，再重复上面的步骤。如果回答是"NO"，那就到此为止，宣布放弃。如果认真地考查这个机器，你会发现它毫无破绽。每一步骤都会输出"YES"或"NO"，并且在机器的运行过程中，无论我们如何推进，最终都会终止于"YES"或"NO"。而且在这个过程中，像 $n*$ 和 $n**$ 等这样的数会越来越小，因此机器最终会停止。

　　那么，上述结论（也就是能判定某个哥德尔数是否对一个表达式进行编码）与哥德尔不完全性定理又有什么关系呢？实际上，任何用来判定某个数字是否为某种公式的哥德尔数的机械装置在算术中都具有一定的可表示性。而且这些装置本身在算术中都有所对应的公式，所以我们就能在算术中证明与现实世界相对应的结果。

　　尽管接下来我们将在一个稍显陌生的语境中描述一个论证，但实际上，这个论证与说谎者悖论（liar paradox）类似，或者说至少是说谎者悖论所引出的。我们要做的就是给出一个表达"此命题不可证"的公式。如果我们能证明这个公式不是可证的，那么它就是真的。也就是说，算术中有一个真的但不可证的公式。由此，根据上文所述，我们要做的就是在算术中写出某个公式，使之与寻常（或者说，真的）自然数相应。事实上，到目前为止所谈到的特殊谓词都是递归的。由之前的论证可知，在算术语言中，"公式的哥德尔数"这个概念是递归的，也就是可计算的。并且我们已经得到了机械能行的程序，以判定一个特定数字是否为这个语言中公式的哥德尔数。

　　现在，让我们考虑如何为公式序列编码。实际上这与给符号序列编码相同。比如，将公式序列 ϕ_1，ϕ_2，ϕ_3 编码为 $2^{\ulcorner\phi_1\urcorner} \cdot 3^{\ulcorner\phi_2\urcorner} \cdot 5^{\ulcorner\phi_3\urcorner}$，其中，$\ulcorner\phi_1\urcorner$ 是 ϕ_1 的哥德尔数，依此类推。编码程序并不复杂，只要给出一个数字，然后先判定它

是不是一个序列的编码，或者是不是一个公式的编码，再判定这个序列由哪些成分组成。

在理解了"n 是一串公式的哥德尔数"这个命题的含义后，我们来考虑关系 $Pf(x, y)$：$Pf(x, y)$ 为真，仅当 x 是个公式序列的哥德尔数，并且这个公式序列构成了哥德尔数为 y 的公式的证明（这里所谓的证明就是特定的公式序列）。要检验在任意两个数之间 $Pf(x, y)$ 是否成立，就需要一个机械（可计算的）程序。回忆之前对证明特定一个公式的定义（见第 27 页）：一个证明是一个公式序列（因为我们可以检验一个东西是否为公式，所以也可以检验我们所用的是否为一个公式序列），使得每个公式或者是公理，或者是根据推演规则由序列中在前的公式得出。这样我们就能判定一个公式是否某个公理的代入实例，因为公理是可辨别的。此外，推演规则也很简单，无非是对一个所给公式进行常规的"分割"。这是一个纯粹机械的程序，因此 $Pf(x, y)$ 是可计算的。又因为，即刻起，我们将在同等意义上使用词语"递归的"和"可计算的"，因此，谓词 $Pf(x, y)$ 是递归的。实际上，所有可计算的程序都能由图灵机操作。所以我们可以构造一个图灵机，让它来判定 $Pf(x, y)$ 是否成立。

递归谓词有一个特别之处，即它们在下述意义上具有可表示性（representable）。我们把 n 的数码记为 $\bar{n}$，例如 $\bar{2}$ 就是

$s(s(0))$。如果在自然数中存在关系 $R(m, n)$，那么 $R(m, n)$ 在算术中是可表示的（此后我们将在表述中省略短语"在算术中"），即如果存在一个算术公式 $R(x, y)$，使得：

（i）如果 $R(m, n)$ 为真，那么 $\vdash R(\bar{m}, \bar{n})$。[$\vdash R(m, n)$ 的表述是无意义的，因为 m, n 不是数码。]

（ii）如果 $R(m, n)$ 为假，那么 $\vdash \neg R(\bar{m}, \bar{n})$。

（关系 R 中有两个主目 x 和 y，它们是超过零的且在关系 R 中的任意数。）

而令人关注的是，同样存在一些不具备可表示性的关系。这也是哥德尔第一不完全性定理的实质所在，也就是我们需要找到这样一些命题：它是真的，但它和它的否定都是不可证的。

其实我们很容易就能找到一些具有可表示性的关系。例如，等于关系可表示为 $x = y$，因为如果 m 和 n 相等，那么 $\vdash \bar{m} = \bar{n}$（即 $\vdash s...(m$ 次$)...s0 = s...(n$ 次$)...s0$）。且可以通过 $\neg 0 = sx$ 等公理来证明 $\vdash \bar{m} = \bar{n}$ 是我们系统中的一个定理。这一证明相当简单。同样地，如果 m 不等于 n，那么 $\vdash \neg \bar{m} = \bar{n}$。

再来看另一些例子。在我们的系统中，加法运算和乘法运算也是可表示的，因为在所给的语言中已存在符号 + 和 ×。而整除运算也是可表示的，因为关系"m 整除 n"可表示为 $\exists z (x \times z = y)$。如果 m 能整除 n，那么在算术中可以证明

$\exists z\,(\bar{m} \times z = \bar{n})$；如果 m 不能整除 n，那么有 $\vdash \neg \exists z\,(\bar{m} \times z = \bar{n})$。事实上，我们可以证明每个递归关系都具有可表示性。接下来给出两个特殊的例子，且其中一个较为复杂。

考虑关系 $Pf(x, y)$ 成立，仅当 x 是哥德尔数为 y 的公式的证明的哥德尔数。因为算术中存在一个公式 $Pf(x, y)$，使得如果 $Pf(m, n)$ 为真，那么在算术中可证公式 $Pf(\bar{m}, \bar{n})$。且如果 m 不是哥德尔数为 n（实际上很有可能，n 根本不是任何公式的哥德尔数）的公式的证明的哥德尔数，那么可以证明 $\neg Pf(\bar{m}, \bar{n})$。这是由于这个关系是递归的，而如之前所述，所有递归关系都具有可表示性。继而，如果 $Pf(\bar{m}, \bar{n})$ 在算术中可证，那么 m 就是含有哥德尔数 n 的公式的证明的哥德尔数，因为如果 m 不是，那么根据上述，就有 $\vdash \neg Pf(\bar{m}, \bar{n})$，而这是矛盾的。

再来看一个复杂点的例子 $Pf^+(x, y, z)$，它所表达的是对角线公式。（给 Pf 加了上标 $^+$ 是为了与之前的关系区分开来。）$Pf^+(x, y, z)$ 成立，仅当 y 是公式的哥德尔数，且这个公式仅带一个自由变项；x 是一个证明的哥德尔数，且这个证明不是哥德尔数为 y 的公式的证明，而是它变换式的证明，也就是说，用 z 的数码（即 $\bar{z}$）替换公式中的自由变项之后的公式。这个关系也是一个递归关系，因为如果给定三个数 x, y, z，一定可以判定 y 是否为一个公式的哥德尔数，若能把这个公式写出来，还可以判断其中是否含有一个自由变项。如果没有，那么这个谓词就是不可用的。如果有，那么我们就继续考查 x，机械地检验它是否为一个公式证明的哥德尔数，这个公式是指形如上述的变换式。也就是说，将原有公式的自由变项替换为起始是一串恰当的 s（对应于 z）之后是 0 和括号的数码。

如果 x 恰是这个哥德尔数，那么关系 $Pf^+(x, y, z)$ 为真。如果不是，那么这个关系就不成立。在上述验证中，我们显然使用了一套机械程序。又因为所有机械可检验的公式都具有可表示性，所以 $Pf^+(x, y, z)$ 具有可表示性。我们将算术中表示这个关系的公式记作 $Pf^+(x, y, z)$。

借鉴上述 x 和变换式，我们再考虑另一种情况。即 x 是某个公式变换式的证明的哥德尔数，而这个公式变换式是用该公式自身的哥德尔数的数码替换其自由变项之后得到的。这与第一章中所说的对角线论证十分相似，在第一章中，我们列举了实数，并改变其中第 n 个小数的第 n 位。而在这里，我们已有第 y 个公式，并在第 y 个公式中代入 $\bar{y}$。例如公式 $\neg\exists x Pf^+(x, y, y)$ 中有一个自由变项 y。且令这个公式有一个哥德尔数 g，并称这个公式本身为 G。现在将 G 中的自由变项 y 替换为 G 的哥德尔数的数码，换言之，用 $\bar{g}$ 替换 y。而在这个公式中，自由变项出现了两次，因此我们也要用两次 $\bar{g}$。我们想证明的是，这个公式及其否定在算术中都不可证。但在此之前，先来看这个公式说的是什么意思，也就是说，让我们回到与公式相对应的那个关系。非形式地讲，它是说，不存在这样一个数 x，使得 x 是带有哥德尔数 g 的公式［正是公式 $\neg\exists xPf^+(x, y, y)$，其中仅含一个变项 y，我们用 g 的数码来代换 y］的证明的哥德尔数。换句话说，当我们用 g 的数码替换自由变项 y 之后，不存在这个公式的证明。但是替换后所得的公式变换式又恰为 G 本身。因此，公式 G 说的是：不存在公式 G 的证明。如果我们能证明这样一个公式，多少会让人觉得惊讶，但实际上我们并不能证明它。这就是下面要讲的。

首先假设我们可以证明 G，也就是说，假设 $\vdash \neg\exists xPf^+(x, \bar{g}, \bar{g})$。因此就会存在一个证明，并且这个证明有一个哥德尔数，比如说 m。换言之，我们在一个哥德尔数为 g 的公式中，将其自由变项替换为 $\bar{g}$ 之后得到一个公式，这个公式有一个证明，m 就是这个证明的哥德尔数。因此，$Pf^+(m, g, g)$ 为真。但如果它为真，也就是说，$Pf^+(x, y, z)$ 在算术中可表示为 $Pf^+(m, g, g)$，那么我们就能证明其相应的公式 $Pf^+(\bar{m}, \bar{g}, \bar{g})$。但是，用一阶谓词演算可以由 $Pf^+(\bar{m}, \bar{g}, \bar{g})$ 证出 $\exists xPf^+(x, \bar{g}, \bar{g})$。因此，在假设算术是相容的情况下，我们得到了矛盾。也就是说，我们的假设不成立，$\neg\exists xPf^+(x, \bar{g}, \bar{g})$ 不是可证的。

另一方面，我们假设能够证明这个公式的否定。也就是说，假设我们能够证明 $\neg\neg\exists xPf^+(x, \bar{g}, \bar{g})$。此处的两个否定符号可以相互"消去"。因此我们的假设就变成证明 $\exists xPf^+(x, \bar{g}, \bar{g})$。如果不能证明它，就不存在一个数，是其证明的哥德尔数。因此，0 不是 G 的证明的哥德尔数，1 也不是，等等。这说明什么呢？这说明了 $Pf^+(0, g, g)$ 不成立，$Pf^+(1, g, g)$ 也不成立，等等。它们都是假的。

如果所有这些都是假的，那么我们实际上就证明了对于每个 n，$Pf^+(\bar{n}, \bar{g}, \bar{g})$ 的否定〔因为 $Pf^+(x, y, y)$ 是可表示的〕。如果能证明对于每个 n 都是如此，那么就几乎无法证明 $\neg\forall x\neg Pf^+(x, \bar{g}, \bar{g})$。（后面再详细说明。）也就是说，我们不能证明 $\exists x\, Pf^+(x, \bar{g}, \bar{g})$。但这与假设相矛盾。因此，$\exists x\, Pf^+(x, \bar{g}, \bar{g})$ 也是不可证的。由此，我们最终得出这个公式自身及其否定都不是可证的。又因为这个公式说的是"此命题不可证"，那么根据上述论证，它确实不可证，所以该命题的解释为真。于是，我们便在两种含义上建立起了哥德尔不完全性定理。较强的含义是指：存在一个公式，它自身及其否定都不是可证的。较弱的含义是指，算术中存在一个公式，它既真又不可证。

本章最后，再给出关于不同形式的相容性的几个注记。我们一直有充分的理由认为算术是相容的。也就是说，日常生活中我们所用的普通算术显然满足其中的公理，这些公理为真，并且我们知道证明规则是保真的。因此，所有我们能证明的都是真的，所以不允许出现不相容性。当然，上述论证中的相容性在形式上有一个细微的变化。我们由对于每个数 n，$\vdash_\neg Pf^+(\bar{n}, \bar{g}, \bar{g})$，得出结论，我们不能证明 $\vdash \neg \forall x \neg Pf^+(x, \bar{g}, \bar{g})$。这里应该说明一下，在证明中我们假设了（学界所说的）ω- 相容性（ω 指的是自然数的全体）。一个包含所有自然数 n 及其数码 $\bar{n}$ 的形式系统是 ω- 相容的，只需我们总能证明 $A(\bar{n})$（其中 A 只是某个公式），n 为任一自然数，但我们无法证明 $\exists x \neg A(x)$。如此一来，我们的预设就显得十分合理。如果把 A 看作 $x = x$ 此类简单的公式，那么若一个系统是 ω- 相容的，则它也具有通常意义上的相容性。但反之不成立。我们可以找到相容但并非 ω- 相容的系统。当然，也可以加强公式 $Pf^+(x, y, z)$ 的定义，使我们可以省掉 ω- 相容性这个条件。这一结论归功于巴克利·罗瑟（Barkley Rosser）。

来看这样一个公式，它是说 $\exists x\, Pf^+(x, g, g)$ 不成立，而按照罗瑟给出的修改，如果 x 是 $\neg \exists x\, Pf^+(x, \bar{g}, \bar{g})$ 的哥德尔数，那么存在一个较小的数，它是对这个公式的否定的证明的哥德尔数。正如你所想，这个公式的解释会稍显繁冗，但对它的证明与我们之前所给的证明十分相似。

接下来是最后一个注记，涉及哥德尔第二不完全性定理。这不仅需要讨论系统的可证性，还要讨论系统可证性的局限。

哥德尔第二不完全性定理是这样说的：算术的相容性在算术中是不可证的。（所谓算术是指形式算术，正如本章一直所谈的那样。）例如，如果取 $0 = 1$，那么这与下面的公理相矛盾：0 不是任何数的后继。所以，如果要证明这个公式，就需要有一个不相容的系统；而如果有一个不相容的系统，就能证明这个公式。因此，当我们说不能证明这个公式，就等于说这个系统具有相容性。这个公式也有某个哥德尔数，令它为 k。那么公式 $\forall x \neg Pf(x, k)$ 是说，对于所有 x，x 不可能是带有哥德尔数 k 的公式的证明的哥德尔数。换言之，不存在公式 $0 = \bar{1}$ 的证明。我们就是这样理解公式 $\forall x \neg Pf(x, \bar{k})$ 的，且令这个公式的名称为 $Consis$。虽然接下来的论证时有疑难，但仍然有章可循。我们要做的就是，把前面提到的所有论证放到一起，并将它们形式化。首先将刚才的论证形式化于形式算术中，并且证明公式（$Consis \rightarrow G$），也就是得到 $\vdash (Consis \rightarrow G)$ [回忆 G 就是公式 $\neg \exists x Pf^+(x, \bar{g}, \bar{g})$]。然后取前述所有的论证，并将它们都形式化于算术中。每个论证都可以以有穷方式完成上述操作，因此可以说（$Consis \rightarrow G$）是可证的。要是我们能在算术中证明断定算术相容性的公式，那么若有 $\vdash Consis$，则（根据分离规则）能证明 G。但我们已经表明这是不可能的，因此，我们在算术中证明算术的相容性是不可能的。

这就是哥德尔第二不完全性定理。算术不足以证明自身的相容性。实际上，算术的任一扩充都有同样的缺陷，因此不要妄图由包含所有数学的形式系统来证明所有数学的相容性。要得到相容性，就必须寻求更大的系统，并且这个系统比我们选作公理模式的寻常数学归纳所要求的更多；它所要求的是（一个并不非常大的序数的）超穷（transfinite）归纳。而算术相容性的证明可以作为对所谓的 ε 数的超穷归纳的一个直接结论。

　　在下一章中，我们将考查一个更大的系统，即集合论系统。不过集合论包含算术，因此也有同样的缺陷。但你会发现，对于同样出现在集合论中的相容性问题，与绝对相容性相比，我们更关注相对相容性。并且由于哥德尔不完全性定理，我们不能寄希望于绝对相容性。

第六章

集合论

在最后一章，我们将讨论的是集合论。对于集合，或许你有自己的看法，比如"集合就是一些东西的汇集"等类似的粗略认识。首先，我们将解释一下关于集合公理的数目问题，以及其中那些为大多数数学家所公认的公理。

尽管集合论的核心问题——公理集合论——确实是形式理论，但我们仍想尽可能地给出非形式的解释。集合论语言在带等词的谓词演算基础上增加一个表示集合关系的谓词符号 $\in$，记为 $x \in y$，读作"x 是 y 的一个元素"。下面给出的公理都能在这个语言中得到恰当的刻画，而所得的一个特殊形式系统是 ZF，即策梅洛-弗兰克尔集合论（Zermelo-Fraenkel set theory）中的系统。

我们认为什么样的公理是真的呢？我们对集合的直观印象又如何呢？最好的回答可以始于这样一个认识，即集合是数学对象的汇集。这一认识对我们来说是如此确切，以至我们猜想下述的第一个原则也许就是真的，也就是，假如存在一些可以应用到集合上的性质，那么这个集合便由所有具备这个性质的事物构成。这样，就得到如下原则（P）：

对任一性质 $\psi(x)$，有一个集合 y，使得：

$$x \in y \leftrightarrow \psi(x)$$

但如今我们已经知道这个原则是不正确的，因为它会导致（1902 年左右由罗素发现）罗素悖论。将（P）看作这样一个性质：$x \notin x$：则必然存在一个集合 R，使得：

$$x \in R \leftrightarrow x \notin x$$

因此，R 就是由不是自身元素的所有集合组成的集合，但是，如果我们问集合 R："你是否属于 R？"显然，R 将陷入不知所措的尴尬局面。因为，R 属于 R，当且仅当 R 不属于 R：

$$R \in R \leftrightarrow R \notin R$$

这很容易验证。

罗素悖论的出现使我们不得不改进集合论。如果原则（P）为真，那么必须对此给出其他说明。罗素根据一个无害（innocent）公理导出了矛盾，这一事实使我们意识到，必须谨慎处理我们关于集合的直觉，它并不像看上去那么显而易见。

什么样的东西可以构成集合呢？要得到更好的答案，必须对原则（P）进行分析。为什么罗素汇集不是集合？它之所以不是集合，是因为它试图容纳过多的东西。因此，R 只是一个庞大的汇集而不是集合。那么根据这次失败的经验，应当对原有的关于集合的直觉做些调整，即集合是事物的"不过大"（not-too-big）的汇集。

下面将要给出的几个公理都是为了俘获这个想法。

首先处理等于（equals）关系，也就是，在我们的形式理论中寻找 ∈ 与 = 的关联。一方面，由等词公理我们立刻就能推出命题：如果两个集合相等，那么它们有相同的元素。而另一方面，由于属于关系是当下区分集合时的唯一工具，所以当两个集合具有相同元素时，它们之间就没有区别，换言之，它们相等。综合上述两方面，我们得到了第一个公理：外延公理（axiom of extensionality）：

$$\forall z\,(z \in x \leftrightarrow z \in y) \rightarrow x = y$$

下一个公理便是对上述原则（P）的挽救。可想而知，如果由一个给定集合开始，并将这个集合中具有所需性质的元素汇集起来，而不是聚合所有具有某性质的集合，那么就不会出现任何问题了。如果存在这样一个集合的话，就能合理地缩减已有集合的大小，使之不会无限扩大！如此这般之后，使得我们得到了概括模式（comprehension schema），但在形式系统中，它只个公理模式。由此我们可以说，对于每一个性质，都存在一个特定的集合。其中，我们所谓的性质实际上可以看作形式系统中带有一个自由变项的公式。因此概括模式可表述如下：

给定任一集合 a，任一公式 $\psi\,(x)$，其中 x 是一个自由变项（当然，公式中也可能有其他自由变项，但这无关紧要），那么，存在一个集合 b，其元素恰是 a 中那些具有性质 ψ 的元素，即：

$$x \in b \leftrightarrow x \in a \,\&\, \psi(x)$$

根据外延公理，集合 b 是具有此性质的唯一集合，记为：

$$\{x \in a : \psi(x)\}$$

这个公理模式几乎恰当地俘获了纰漏重重的原则（P）。

我们还能构造什么？若已有两个集合，我们会自然地将这两个集合作为元素构造一个新的集合。即对集公理（axiom of pair set）：

给定两个集合 x，y，则存在一个新集合，它恰以 x 和 y 为元素，这个新集合记为 $\{x, y\}$。

接下来，我们介绍幂集公理。如果有一个集合，则可以考虑其所有子集，那么就会得到一个更大的汇集，但并没有大到糟糕的程度，且我们有理由相信由此得到的是一个集合。据此引出幂集公理：

如果给定一个集合 x，那么 x 的幂集也是一个集合。x 的幂集是由 x 的所有子集 y 构成的汇集：$Px = \{y : y \subseteq x\}$。（$y \subseteq x$ 表示 y 是 x 的子集：y 的所有元素是 x 的元素。）

下面给出的公理考虑的则是集合 x 的并集（union set）。取

一个集合 x，画一个圆圈代表 x，其元素在这个圆圈中：但这些元素是什么呢？

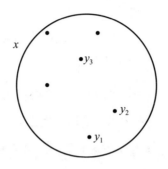

它们本身也是集合，因此它们也都有各自的元素，同样也可以用同样的画圈方法来表示它们（这里仅画出其中的一些）。

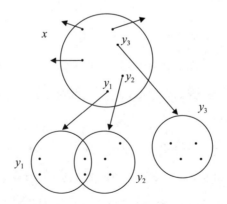

我们要断定的是，存在这样一个集合，其中的元素恰好是 y_1，y_2，y_3，... 中的元素。这个集合称之为 x 的并集（或合集），

记作 $\cup x$。$\cup x$ 的元素就是 x 中元素的元素：

$$\cup x = \{z : \exists y (y \in x \,\&\, z \in y)\}$$

并集公理（axiom of union set）说的是，对任意集合 x，$\cup x$ 确实存在，并且也是集合。那么当我们取两个集合 a 和 b 并将其并集记为 $\cup\{a, b\}$ 时呢？$\cup\{a, b\}$ 可以看作集合 a 和 b 的并 $a \cup b$。这也说明并集公理有一个后承，即两个集合的并仍是一个集合。

创建集合论的原因之一就是使我们可以讨论无穷多对象的汇集。所以，我们应该有一个公理来处理这类集合，这就是无穷公理（axiom of infinity），它所表达的是：存在无穷集合。

因此，由存在一个集合（实际上是一个无穷集合），可以证明存在一个根本不含任何元素的集合。根据无穷公理，我们假设集合 ω 是一个无穷集合。考虑如下集合 $\varnothing$，由概括模式可以断定，存在：

$$\varnothing = \{x \in \omega : x \neq x\}$$

由于对所有集合，都有 $x = x$，所以 $\varnothing$ 没有元素。事实上，$\varnothing$ 是具有此性质的唯一集合。我们称之为空集（empty set）或零集（null set）。

下面要讲的公理与前面所给的稍有不同。首先回顾之前所给的 x 并集的图。也就是，先画出集合 x，然后考虑其中的元素。因为这些元素本身也是集合，所以同样用图表示出来，且它们自身又有各自的元素，取其中一个元素，且它本身也是一个集合，所以继续用图表示出来。如此，若继续取这个集合的元素之一，就可以继续做同样的事。直至何时停止呢？这样的图是否会无休止地画下去？

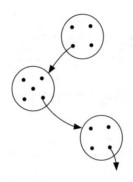

从直觉上讲，当然不能如此无穷无尽地继续下去。所以我们给出一个公理，即无论何时沿着元素链向下进行，一定会在某个有穷步骤内停下来。可以想象一下：我们有一个集合串：x_1，x_2，x_3，... 其中每一个集合都是前一个集合的元素，即 ... $\in x_3 \in x_2 \in x_1$。我们称之为降元素链。这个公理称为基础公理（axiom of foundation）[或正则公理（axiom of regularity）]，它所表示的是，任一降元素链是有穷的。

利用这个公理，我们可以证明集合 x 不是自身的元素。相反，如果假设存在这样一个集合 x，使得 $x \in x$，那么就会有一个无穷集合串，这个串上都是 x，即 x，x，x，... 则我们就可得到一个无穷向下的属于关系链：… $\in x \in x \in x$。但这个公理说的是不存在这样的链，因此得出矛盾。所以，对所有集合 x，有 $x \notin x$。

接下来的公理真正俘获了这样一个事实，即任意不过长的汇集本身就是一个集合。所谓的不过长是指集合的任意集合大小（set-sized）的汇集都是一个集合。那么该如何用集合论语言表达这一事实呢？首先给定一个集合 a，对于 a 中的每个元素，都构造一个与之相对应的集合，然后再把它们汇集起来，最后我们就可以断定所有与 a 中元素相对应的集合所构成的汇集也是一个集合。所谓的对应（correspondence）可以用形式语言中的公式 $\psi(u, v)$ 来表示，其中（至少）有自由变项 u 和 v。ψ 会使 v 对应于 u。但是，我们希望每个 u 都能有一个与之相对应的集合，所以 ψ 一定要具备如下类似函数（function-like）的性质：

$$\psi(u, v) \& \psi(u, w) \rightarrow v = w$$

上述所给出的又是一个公理模式，即对于每个具有类似函数性质的公式，都存在一个公理。也就是说，给定一个具有类似函数性质的公式 $\psi(u, v)$ 以及一个集合 a，存在一个集合 b，使得 b 的元素恰好是那些在 ψ 下与 a 的元素 u 相对应的集合 v，即：

$$\exists b(v \in b \leftrightarrow \exists u(u \in a \& \psi(u, v)))$$

这称为替代模式（replacement schema）：用对应集合 v 替代了 a 中的集合 u。这个模式确实俘获了如下事实：由集合构成的集合尺寸的汇集是集合。事实上，只要有了替代模式，就可以省略概括模式，因为后者是前者的一个后承，但却无须再担心所得出的结果会导致问题。

最后，再有一条公理就可以完整地呈现出 ZF 公理的列表了。但这条公理与其他公理不同，因为所有从事传统数学研究的数学家们都肯接受其他公理，但对于下面要给出的这条公理，一部分数学家却持怀疑态度。这个备受争议的公理就是选择公理，亦称为罗素乘法公理（Russell's multiplicative axiom）。它说的是，如果有一个非空集合的集合，那么，可以从这个汇集中的每个集合中各选择一个元素，而后将选出的这些元素一同放入一个集合。

接下来，让我们先采取一种更加数学化的形式来谈论这个公理。我们知道，至此所给出的所有公理足以表述普通数学中的所有东西。比如，可以谈论序对。序对 $<x, y>$ 是一个集合，它由第一个成分 x 和第二个成分 y 唯一确定，即：

$$<x, y> = <u, v> \leftrightarrow x=u \& y=v$$

这说明我们可以定义出一个具有此性质的集合 $<x, y>$。（也可以将其看作集合 $\{\{x\}, \{x, y\}\}$。）

有了序对的概念，就可以更确切地表达：如果一个集合是一个函数，那就是一个数学函数。一个函数将一个集合的元素与另一个集合的元素相对应。严格地表述为，利用函数序对 $<x, y>$，可以建立起 x 组成的一个集合与 y 组成的另一个集合之间的对应。这个函数可以是仅含 x 与 y 的对应的序对组成的汇集。所以，一个函数是序对构成的具有恰当（right）函数性质的集合。

与选择公理更相关的是选择函数（choice function）。如果 x 是一个集合，那么 x 的选择函数是函数 f，它具有如下性质：存在一个 x 的非空元素 y，那么 f 使 y 的一个元素与 y 相对应。记为，如果 $y \in x$ 并且 $y \neq \varnothing$，那么 $f(y) \in y$。因此，只要你愿意，f 就能为我们选择 y 中的任一元素。这个函数就称为 x 的选择函数，它将在所有作为 x 元素的非空集合内进行选择。接下来就可以精确地表述选择公理了，即每个集合都有一个选择函数。

在继续谈论选择公理之前，先来看那些接受其他公理的人为何对选择公理有所怀疑。虽然对我们来说，这个公理表述为真。因为如果存在一个非空集合的汇集，那么显然可以从其中的任一集合内选择一个元素。事实上，集合论研究者起初也对选择公理深信不疑，以至他们总是无意识地使用这个公理。但是，当人们深入分析使用选择公理的论证时，发现其中存在一个可以做大量选择的原则。由此，我们可以得到人们怀疑选择公理的原因。首先回顾上述的其他公理，这些公理所涉及的是集合，并且都为我们提供了构造某个集合的具体方法。也就是说，给定一个集合 x，这些公理认为存在另一个集合，并给出产生新集合的技术方法。而选择公理则不然，它说的是，给定一个集合，存在一个选择函数，但没说如何得到这个选择函数。这就是人们怀疑选择公理的原因。事实上，我们能证明，若使用选择公理会推出矛盾，则在不用选择公理的情况下同样会导出矛盾。也就是说，如果你担心的是在证明定理时使用选择公理会导出矛盾，那么你大可放心，在此处使用选择公理并没有危害。因此，在此意义上否认选择公理只会弊大于利。之后我们会概述原委。

至此，我们完整地呈现了 ZF 的公理列表，在此后的讨论中我们就可以使用这些公理。并且，我们还需补充一些明确的数学对象 0，1，2，3，4，…，然后将它们扩充，超越无穷直至超穷。其实，我们可以通过两种不同的方式进行扩充，之所以两种方式是不同的，是因为在这两种方式中对数字的使用不同。

现在，我们首先要考虑的是序数（ordinal number）。序数是表示序列中各位置的数。假如你去一个剧场，会看到不同售票口都有个数字，每个窗口都有排队买票的人。我们如何确定哪一个窗口排的队列最短呢？我们可以这样做，先给每个队列中的各个位置标一个数字，这样就会得到第一排的第一位、第二位、第三位等，第二排的第一位、第二位、第三位等，依此类推。换句话说，就是在头脑中给出一个衡量标准用来比较每一个队列的长度，而后选出按照这个标准最短的那一排。现在把我们的视角换成集合，看看一个集合是如何找到最短的队列的。想象剧场外售票处排列着大量的集合。如果一个有穷集合来晚了，它一下子冲过来，很想知道排在哪里最合适，也就是说，很想找到那条最短的队列。现在它需要做的就像我们刚刚做的那样，要为每个队列编好数字，也就是要找一个队列的第一位、第二位、第三位等。但是，排队的集合太多了，即使在给它们第一位、第二位、第三位等的编号后，仍有大量的其他集合。我们称在所有这些位置之后的位置为第 ω 位。这之后是第 $\omega+1$ 位，第 $\omega+2$ 位，等等，依此类推。现在来看这个迟到的集合该如何制定它"头脑中"的衡量标准。首先，它一定要能数出队列中的位置，就像我们之前做的那样。如果这是呈现在它头脑中的标准，那么这就一定是我们所能想到的最简单的标准。因此，我们想给出一个标准序列，使得每个集合能出现在它的头脑中，并且能够与其他集合进行比较。那么，对此能使用的最简单的工具是什么？当然是属于关系。利用这一工具，我们可以构造一个其上集合都由属于关系相关联的标准序列。因此，这个标准就是由属于关系进行排序的序列。在这个序列上，某个 y 属于 y 之后的集合。实际上，如果要确定标准序列中的 x 的所有前驱，那么只需看 x 就够了，而不需看所有处于 x 之前的集合。所以，我们要求 x 的所有前驱也属于 x。这样一来，x 中的元素就不仅包含紧邻它的前一个，还包含了它之前的所有。

　　标准序列中的第一个元素应当是什么？应当是最简单的集合，也就是空集 $\varnothing$。那空集之后呢？根据刚才所说，空集之后的集合应该是它的所有前驱，但那不就是空集 $\varnothing$ 吗？所以空集之后是这样一个集合，其中唯一的元素就是 $\varnothing$，即 $\{\varnothing\}$。（注意，这是两个根本不同的对象，$\varnothing$ 中没有元素，而 $\{\varnothing\}$ 有一个元素，即 $\varnothing$。）那么，$\{\varnothing\}$ 之后是什么呢？由于它不得不把它的所有前驱都容纳其中，也就是说它必须含有 $\varnothing$ 和 $\{\varnothing\}$，因此这个集合就是 $\{\varnothing, \{\varnothing\}\}$。而这个集合之后的集合同样需要含有所有前驱，即 $\{\varnothing, \{\varnothing\}, \{\varnothing, \{\varnothing\}\}\}$。接着是 $\{\varnothing, \{\varnothing\}, \{\varnothing, \{\varnothing\}\}, \{\varnothing, \{\varnothing\}, \{\varnothing, \{\varnothing\}\}\}\}$。然后按照这个方法一直构造下去。当然，这种做法十分繁冗。

　　因此，我们需要对这些集合进行简化。首先，要怎么定义这些集合呢？通过观察，我们会发现第一个没有元素，第二个有一个元素，第三个有两个元素，等等。所以，我们分别将它们定义为 0，1，2，等等，即：

$$0 = \varnothing$$

$$1 = \{ \varnothing \} = \{ 0 \}$$
$$2 = \{ \varnothing, \{ \varnothing \} \} = \{ 0, 1 \}$$
$$3 = \{ \varnothing, \{ \varnothing \}, \{ \varnothing, \{ \varnothing \} \} \} = \{ 0, 1, 2 \}$$
$$\vdots \quad \vdots$$

1是其中以0为唯一元素的集合，2是以0和1为元素的集合。因此，一般来说，整数 n 就是所有小于 n 的整数所构成的集合，即 $n = \{ 0, 1, 2, 3, ..., n\text{-}1 \}$。由此，我们也可以将自然数定义为一个特定的集合，也就是说，自然数 n 为小于它的自然数的集合。

现在我们接着看标准序列。自然数只是这个序列的开始。也就是说，标准序列的开始是0，1，2，3，...。那么，处于第 ω 位的是什么呢？也就是，在0，1，2，3，4，... 之后的是什么？如上所述，这之后将是前面所有数字构成的集合。所以在第 ω 位应当是一个包含前面所有0，1，2，3，... 的集合，我们称之为 ω，$\omega = \{ 0, 1, 2, ... \}$。那处在第 ω+1 位的又是什么呢？根据刚才的论述，处于第 ω+1 位的集合应当含有0，1，2，...，ω，我们将它称为 ω+1，那么 ω+1 $= \{ 0, 1, 2, ..., \omega \}$。同样，对于处于第 ω+2 位置的集合 ω+2，我们有 ω+2 $= \{ 0, 1, 2, ..., \omega, \omega$+1 $\}$。按照这种方式，标准序列就可以被构造出来了，它的初始段是一个集合，并对其他任一部分给出一个数字。

用这种方法构造的处于标准序列中的集合就是所谓的序数，我们用 α, β, γ, ... 来表示。由此，我们将序数构造出来，并且在标准序列中，一个序数 α 是恰好以它之前的所有序数 β 为元素的集合。因此，如果 α 是一个序数，仅当 $\alpha = \{\beta : \beta$ 在序列上小于 $\alpha\}$。如此构造出的序数对我们之后要讨论的问题至关重要。

现在，我们开始考虑将自然数扩充至超穷的方法。对此，我们要处理基数。每个集合都有与之相应的一个基数，也就是集合的大小，它能告诉我们这个集合中有多少个元素。

我们何时能说两个集合一样大呢？首先来看该问题在有穷集合情况下的含义和解答。如果有一筐苹果和一筐橘子，为了确认这里的苹果和橘子一样多，可以将橘子与苹果进行配对，从一个筐中取一个橘子，再从另一个筐中取一个苹果，把它们两个放在一起。然后重复进行这个过程，如果可以将所有橘子和所有苹果都配成对，那么就可认定两者一样多。

可以使用相似的方法来判断两个集合的大小是否相同。如果两个集合的所有元素能配对，则两者大小相同。更准确地说，存在一个函数，通过它能够在两个集合之间建立起对应关系。对集合 x, y，记为 $x \approx y$，若如下情况成立：

$x \approx y \leftrightarrow$ 存在一个函数，可以将 x 的所有元素与 y 的所有

元素进行配对。

同样，我们可以定义 x 小于或等于 y，也就是，x 的所有元素可以与 y 的部分，可能不是全部）元素配对。也就是说：

$x \preccurlyeq y \leftrightarrow$ 存在一个函数，可以将 x 的所有元素与 y 的部分元素都配成对。

如果 y 中总有一些元素不能与 x 的元素相配对，换言之，$x \preccurlyeq y$ 但 $\neg(x \approx y)$，记为 $x \prec y$。

例如，若 n 为任一有穷序数，则有 $n \prec \omega$。

但有意思的是，$\omega \approx \omega+1$。回顾上述的 $\omega = \{0, 1, 2, ...\}$，$\omega+1 = \{0, 1, 2, ..., \omega\}$。要证明 $\omega \approx \omega+1$，需要证明存在一个函数，将 $\omega+1$ 的所有元素与 ω 的所有元素都配成对。我们取这样一个函数，它说的是将最后一个与第一个相配，其他的都向后退一个相配。如图所示：

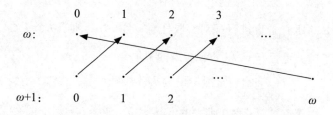

如果这是一个有效的方法，那么就可用于比较任何两个给

定集合的大小。因此，我们需要知道，对于任意集合 x, y：

$$x \leqslant y \text{ 或者 } y \leqslant x$$

实际上，这可以由前面给出的公理证出，并且它等值于选择公理。这也为证明选择公理为真提供了强有力的证据。

那么，上述所给的集合大小的概念是否使得所有无穷集合具有相同大小呢？如果是，那这个概念就没什么用处。不过幸运的是，存在很多不同大小的无穷集合。取任一集合 a，那么就能给出一个比 a 更大的集合，即 a 的幂集。这就是康托尔定理（见第一章）。

康托尔定理：对于任一集合 a，有 $a < Pa$。

证明：因为对任意 $x \in a$，都可以将 x 与集合 $\{x\}$ 进行配对，并且必然有 $\{x\} \subseteq a$，因此 $\{x\} \in Pa$。所以，a 中的所有元素都与 Pa 中的部分元素相对应，根据定义，有 $a \leqslant Pa$。

假设 $a \approx Pa$，根据定义，存在一个函数 f，将 a 的所有元素与 a 的所有子集进行配对。取任意 x 且 $x \in a$，则有 $f(x) \in a$，为了检验是否有 $x \in f(x)$，考虑如下集合 b：

$$b = \{x \in a : x \notin f(x)\}$$

由于 $b \subseteq a$，存在唯一的 y 且 $y \in a$，使得 $b = f(y)$，然后检验 $y \in f(y)$ 是否成立：

（ⅰ）如果 $y \in f(y)$，则 $y \in b$。根据 b 的定义，有 $y \notin f(y)$。

（ⅱ）如果 $y \notin f(y)$，则 $y \notin b$。根据 b 的定义，有 $y \in b$。

也就是说，无论如何都会导致矛盾。而这些矛盾都是由假设 $a \approx Pa$ 推出的，因此 $a \not\approx Pa$。

综上所述，$a \preccurlyeq Pa$ 且 $a \not\approx Pa$，所以 $a \prec Pa$。

由此可知，给定任意一个集合，尤其是无穷集合，取其幂集就能得到一个更大的集合。由于我们能不断重复操作这个过程，也就存在许多不同大小的无穷集合。

让我们重新考虑序数，即存在任意大小的序数。（这个说法等价于选择公理。）得知任意大小的序数，我们可以问哪个序数才是任意大小的第一个序数？回答是，首先存在一个有穷序数。对每个大小的集合，都有一个序数。0 是没有元素的集合的大小。由于 $1 = \{0\}$，所以（直觉上）有一个元素的单元集与 1 相对。同样，仅含两个元素的集合可与 $2 = \{0, 1\}$ 相对，其他有穷序数也是如此。

对于无穷大小又如何呢？第一个无穷序数是特定的 ω。所以，ω 是最小的无穷集合。（这些集合是可数无穷的。）现在，如何去找更大的集合呢？虽然存在更大的集合，但哪一个是这些更大集合中的最小集合呢？不是 $\omega+1$，因为已经证明 $\omega \approx \omega+1$；也不是 $\omega+2$，因为表示"最后两个起始的前两个相配，其他的都向后退两个相配"的函数证明了 $\omega \approx \omega+2$。同样，也不是 $\omega+3$，以此类推。甚至也不是 $\omega+\omega$，因为我们所取的函数可以将 $\omega+\omega$ 中第一个 ω 的元素映射到 ω 中的偶数元素上，将 $\omega+\omega$ 中第二个 ω 的元素映射到 ω 中的奇数元素上，由此可证 $\omega \approx \omega+\omega$。

如下图所示：

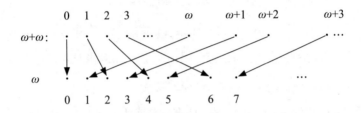

但是，最终我们还是会得到一个较大的序数，即 $\aleph_1$［$\aleph$ 取自希伯来字母表中的"阿里夫"（aleph）］。$\aleph_1$ 是第一个不可数序数。比 $\aleph_1$ 大的（可以保证确实存在更大的）第一个序数是 $\aleph_2$，再后面是 $\aleph_3$，等等。ω 是其中最小的无穷序数，称为 $\aleph_0$。

接下来我们来定义基数。粗略地讲，基数其实就是最小的序数。因为我们已知的序数都是有穷序数或阿里夫序列。又因为任意集合都与某个序数具有相同大小，并且与该集合具有相同大小的最小序数是唯一的，所以任意集合都和某个基数具有相同大小。给定集合 x，与之大小相同的唯一基数成为 x 的基数或势（cardinality），记作 $|x|$（有时也写成 $\bar{x}$），也就是说，$|x|$ 是 x 的大小。根据基数的定义，我们有：

$$|x|=|y| \leftrightarrow x \approx y$$
$$|x| \leqslant |y| \leftrightarrow x \preccurlyeq y$$

将康托尔定理应用于集合 ω，即 $|\omega| < |P\omega|$。

如果用 $2^{|x|}$ 表示 $|Px|$，那么，康托尔定理是说，对于任一集合，有：

$$\aleph_0 < 2^{|\aleph_0|}$$

$2^{|\aleph_0|}$ 是某个大于 $\aleph_0$ 的无穷基数，那么它是哪个基数呢？$\aleph_1$？$\aleph_2$？$\aleph_3$？... 不幸的是，在集合论中无法给出答案，它的公理使这个问题悬而未决。我们假设 $2^{|\aleph_0|}$ 是尽可能小的，也就是 $\aleph_1$，这个假设就是连续统假设（CH）：$2^{|\aleph_0|} = \aleph_1$。（康托尔在 1878 年首次给出了这个假设。）证明 $P\omega$ 与实数集具有相同大小很简单，所以连续统假设说的是到底存在多少个实数。

对于任一无穷基数 $\aleph_a$，$2^{|\aleph_a|}$ 是哪一个 $\aleph_a$？根据康托尔定理，$2^{|\aleph_a|}$ 一定大于 $\aleph_a$。在此基础上断言 $2^{|\aleph_a|}$ 尽可能地小的假设就是广义连续统假设（generalized continuum hypothesis），即（GCH）$2^{|\aleph_a|} = \aleph_{a+1}$。同样，集合论的公理对这个问题也束手无策。

在进入下一个话题之前，我们还要再强调一下如何测试一个特定序数 α 是否为一个基数。当不存在一个函数可以将 α（的元素）与任一较小的序数（的元素）进行配对时，α 就是一个基数。但这就会导致下述状况。

假设我们有一个 ZF 的模型 $\mathscr{A} = <A, \varepsilon>$（其中，$\varepsilon$ 为 $\in$ 的解释）以及一个较小的模型 $\mathscr{B} = <B, \varepsilon'>$，$B$ 是 A 的子集，ε' 是对 ε 从 A 到 B 的限制。那么，某些在 $\mathscr{B}$ 中被视为基数的序数可能在 $\mathscr{A}$ 中不是基数。因为在 $\mathscr{B}$ 中不会得到正好"将所有元素都配对"的函数。但在较大的模型 $\mathscr{A}$ 中，则可能会存在这样的函数。特别地，$\mathscr{B}$ 认为是基数 $\aleph_1$ 的那个序数可能恰是 $\mathscr{A}$ 中的可数序数，由此根本不是一个基数。（这是第三章所讲的产生斯科伦悖论的过程，存在可数模型 $\mathscr{B}$，并且 $\mathscr{A}$ 是"全域"。）模型内部究竟会发生什么，这种想法对于本章的最后一节相当重要，并且在那一节我们要好好谈一谈可数模型。

选择公理的相容性

接下来我们要证明，如果仅用其他公理推不出矛盾的话，那么加上选择公理也不会推出矛盾。当然，这只是证明选择公理与其他公理相容的方法之一。要证明选择公理与其他公理的相容性，就要找到一个实现（或者说，一个模型），使得其他公理在其中为真，且选择公理也在其中为真。下面描述的这个模型是哥德尔（1938 年）首先提出的，即"可构造集"（constructible set）模型。

集合论语言中仅有两个谓词符号：$=$ 和 $\in$，因此我们的模型需要给出对这两者的解释。这就是正规模型，将符号 = 解释为等于关系，符号 ∈ 解释为属于关系，且这些关系都作用在模型论域的元素之上。于是便得到形如 <L，∈> 的正规模型（根据正规模型的书写习惯，这里并没有提到 =)，论域中的元素称为可构造集。

由于我们关心的是选择公理的相容性，所以我们不会用它来构造 L，而是要证明在 <L，∈ > 中，这个公理与其他公理一样都是真的。

下面给出可构造集的定义。假如给定一个特定的集合 A，只能看到 A 中的元素，此外看不到其他东西。想象你被关在一个叫作 A 的房间里，在这里面除了 A 内部的元素，你看不见其他任何东西。那么此时利用这个集合你能谈论哪些集合呢？换言之，你能说出 A 的哪些子集？我们通常利用概括模式来构造集合，那么在 A 中该如何使用它呢？这个公理模式是说，给出任一公式 $\psi(v, v_1, ..., v_n)$（这里，我们提到了 ψ 中所有自由变项），对任意集合 $x_1, ..., x_n$，我们能找到集合 $\{x \in A : \psi(x, x_1, ..., x_n)\}$。现在来看我们在 A 中所面临的困境。对于什么样的集合才可以作为 ψ 的自由变项，存在一定的限制，也就是，它们必须是 A 的元素 $a_1, ..., a_n$。此外，还要求如果 ψ 指的是 Px，那么就会导致 x 具有一些不是 A 中元素的子集，并且在 A 中不能谈论 Px。也就是说，在

A 中，我们不能使用 $\{x \in A : \psi(x, a_1, ..., a_n)\}$。但是，我们可以谈论 A 能看到的那些具有性质 ψ 的 x。即那些满足 $<A, \in> \vDash \psi[x, a_1, ..., a_n]$ 的 x。因此我们可以谈论集合：

$$\{x \in A : <A, \in> \vDash \psi[x, a_1, ..., a_n]\}$$

其中，$a_1, ..., a_n \in A$。这种形式的集合被称为在 A 中是可定义的（definable）。A 中所有可定义集合的集合记为 Def(A)，形式化为：Def(A) = $\{y$: 对于某公式 $\psi(v, v_1, ..., v_n)$，以及某些 $a_1, ..., a_n \in A$，$y = \{x \in A : <A, \in> \vDash \psi[x, a_1, ..., a_n]\}\}$。

下面给出一个 A 中可定义集合的例子。如果 $a, b \in A$，那么我们断定 $\{a, b\}$ 在 A 中可定义，设 $\psi(v, v_1, v_2)$ 为公式：

$$v = v_1 \lor v = v_2$$

那么显然 $<A, \in> \vDash \psi[x, a, b]$，当且仅当，$x = a$ 或 $x = b$。所以，有 $\{x \in A : <A, \in> \vDash \psi[x, a, b]\} = \{a, b\}$，因此 $\{a, b\} \in$ Def(A)。

有了"在……中可定义"这个概念，我们就能得到哥德尔可构造集了。首先由空集开始，然后不断重复地在已有的集合中取可定义集合。更严格地说，我们需要先说明什么是极限序数（limit ordinal）。极限序数就是没有直接前驱的序数——例如 ω 或 $\omega + \omega$。而 $\omega + 1$ 或者 $\omega + \omega + 23$ 等都不是极限序数。接下来定义可构造集，我们把所有序数想象成一条线，沿着这条线可为其中每个序数 α 指派一个集合 M_α。具体做法是，首先

令 $M_0=\varnothing$。在 α 的后继 $\alpha+1$ 处指派 $M_{\alpha+1}$，$M_{\alpha+1}$ 的直接前驱 M_α 与 M_α 中所有可定义集的集合合在一起，便是 $M_{\alpha+1}$，即 $M_{\alpha+1}=M_\alpha\cup$ Def (M_α)。对于极限序数 β，这个方法便失效了（因为我们找不到直接前驱 M_α）。因此我们只能将目前所得到的所有东西都聚合在一起，即 $M_\beta=\cup\{M_\alpha:\alpha<\beta\}$。最后，集合 x 称为可构造的，如果 x 是某个 M_α 中一个元素的元素。

如果将此记为 $L(x)$，则有：

$$L(x)\leftrightarrow\exists\alpha\,(\,\alpha\text{ 是一个序数且 }x\in M_\alpha)$$

注意，正如前面定义的模型那样，模型的论域是集合。但 L 并不是一个集合，因为它太大了，不能作为集合。因此需要对前面所给的定义稍做调整，使之适用于 L。关键是避免 $L\in x$，因为 L 不能是任一集合的元素。一旦完成这些，$<L,\in>$ 就着实是集合论的一个模型了。此处不给出证明，因为证明过程中有一些步骤十分困难。

不过，证明对集公理在 $<L,\in>$ 中是可满足的就显得较为容易。取两个可构造集 x 和 y。之后需要再找到一个可构造集，在 L 中，这个集合是 x 和 y 的序对集。显然，我们可以证明序对集是可构造集。而对于 $x\in M_\alpha$，$y\in M_\beta$，有序数 α，β。假设 $\alpha\leqslant\beta$，那么有 $M_\alpha\subseteq M_\beta$，并且 x 和 y 都在 M_β 中。但正如上文所示，这就意味着 $\{x,y\}\in$Def (M_β)。又因为 Def (M_β) $\subseteq M_{\beta+1}$，所以 $\{x,y\}$ 是可构造的。由此得证 $L(x)\,\&\,L(y)$

$\rightarrow L$ ($\{x,y\}$)，即对集公理在 $<L,\ \in>$ 中为真。

现在只剩证明选择公理在 $<L,\ \in>$ 中为真。对于任一 α，M_α 的元素可以列成一个列表。当我们试图定义 M 的时候，就会发现这个定义足以证明 $M_{\alpha+1}$ 的新元素是如何添加至 M_α 的列表中的。首先为了由 M_α 的元素列表得到 $M_{\alpha+1}$ 的元素列表，先取 M_α 中已有的全部，再添加至 M_α 的可定义集合中，由此确定了 M_α 的元素列表，之后只需要列出 M_α 中的可定义集，就能列出 $M_{\alpha+1}$ 的元素列表了。Def（M_α）的每个元素仅依赖于公式 ψ（$v,v_1,...,v_n$），并且用集合 $a_1,...,a_n\in M_\alpha$ 来替换 ψ 中的自由变项 $v_1,...,v_n$。在我们的语言中，有可数多个公式，因此我们可以将这些公式也列成一个列表。然后再利用 M_α 元素的列表，就可以组成所有 $n+1$ 元组 $<\psi,a_1,...,a_n>$ 的列表（n 为任何可能的值）。利用列表中的一个 $n+1$ 元组，就可以得到任意 Def（M_α）的元素，所以 Def（M_α）中的元素也可以按照所使用的 $n+1$ 元组所呈现的序关系排列在元素列表中。最后将 Def（M_α）的元素列表附加到 M_α 的元素列表之上，就组成了 $M_{\alpha+1}$ 的元素列表。

利用每个 M_α 的元素列表，可以给出所有可构造集的列表。先取可构造集 x，y，令 α 与 β 分别为 $x\in M_\alpha$，$y\in M_\beta$ 的最小序数。因此，在 L 的列表中，x 在 y 之前。如果 $\alpha<\beta$ 或 $\alpha=\beta$，x 在 M_α 的元素列表中列在 y 之前。

取可构造集 x，我们将给出 x 的一个选择函数 f。若可以证明 $y \in x$，则 y 与 y 的所有元素都是可构造的，因而出现在 L 的列表中。对于 x 的任一非空集合 y，令 $f(y)$ 为 L 列表中的第一个 z，且 $z \in y$。那么，f 其实就是 x 的选择函数。

构造满足选择公理的 $<L，\in>$ 时，只需一个条件：函数 f 必须在 L 之中。尽管证明这一点有些困难，但这是成立的。

由此，我们便大致讲完了哥德尔可构造集——选择公理在其中为真的集合论的模型。因而，选择公理和集合论相容。实际上，广义连续统假设在 L 中也真。GCH 同样与集合论（包括选择公理）相容。

本章剩余部分将阐述如何证明选择公理和广义连续统假设在集合论中都是独立的，也就是它们都不可由集合论中的其他公理推导而出。此证明需要找到一个模型，在这个模型中，这两个公理皆为假。这些模型首先由保罗·柯恩（Paul Cohen）于 1963 年给出。要证明选择公理确实是关于集合的公理，就必须找到这些模型。意识到这一点后，逻辑学家们花费了 60 年才找到这些模型。如此长时间的寻找表明了构造这些模型的难度。所以，我们在这里只给出这种方法的简要概述。实际上，我们只给了一个稍强于广义连续统假设独立性的结论，即存在一个集合论的模型，连续统假设在其中为假。因为处理选择公理独立性的方法与之相似，只是稍微复杂些，所以在此我们不做过多介绍。

还记得连续统假设的记法吧，即（CH）：$2^{|\aleph_0|} = \aleph_1$。其实我们可以给出一个模型，其中 $2^{|\aleph_0|} = \aleph_2$，或 $\aleph_3$，或其他众多无穷基数之一。证明的大体策略是这样的：找到 ZF 系统的一个模型，CH 在其中为假。因此，先假设在我们能找到的 ZF 系统的模型中，CH 为真。随后做出一些修改，使得 CH 为假。

确定 ZF 的一个可数模型 $< M , \in >$，其中 CH 为真，假设 M 是一个传递集合——即若 $x \in M$，$y \in x$，则有 $y \in M$。我们在使用这种可数传递的 $\in$- 模型时不受任何限制，因为如果 ZF 是相容的，那么它自然而然就有这样一个模型（参见第三章，可数模型的存在性可由洛温海姆-斯科伦定理得到）。M 是传递的，因为可以证明 M 所当作序数的确实是序数，并且是所有小于某个确定序数的序数。

把世界上所有的集合都画至一个锥形中，以序数为其中轴并且数字以上升趋势递增。可以通过集合落在锥形中的高度确定其有多复杂，也就是用集合的层级代表其复杂度。所谓集合的层级是指处于同一高度的序数。这个概念可以更精确地被定义。

在一定程度上，传递模型 M 中囊括了所有序数，以及每个层级上的相应集合。

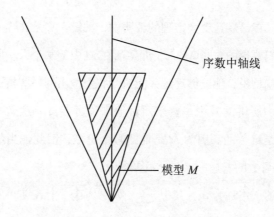

序数中轴线

模型 M

因为 CH 在 <M，∈> 中为真，所以其中有尽可能少的自然数子集。对于 M 中任一确定的基数 κ，我们将表明如何增加 κ 之外的子集，以产生一个传递的新模型 <N，∈>，并且其中具有同样的序数。用图表示的话，N 的图形宽于同样高度 M 的图形。

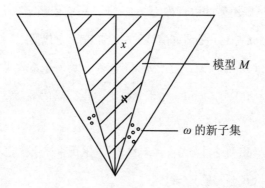

x

模型 M

ω 的新子集

作为例子，我们先在现实世界中展示如何构造这个模型。

实际上，在最后这个大定理的证明中，关键一点是这样一个观察，我们要说的也是 M- 人（即生活在 M 中的某个人）能遵循的。也就是说，他能够理解并能执行我们给出的一些指令。当然，我们所讲的其中一些东西对他来说可能没有意义——比如，M 是可数的。因为 M 是他的整个论域，因此他当然不认为 M 是可数的，这一点此处不再多说。

新的子集称为 a_η，其中 $\eta<\kappa$。如果构造一个 N 使得所有 a_η 均不相同，那么在 N 中，有 $2^{|\aleph_0|} \geq \kappa$。当然，如果 N 有可能成为集合论的一个模型，那么如果增加 ω 的子集，就不得不同时增加很多其他集合。

为了谈论，在详细说明 N 和 ω 的新子集之前，我们得为最终出现在 N 中的所有集合取名。为此要给出一个语言，它的形成规则可以为 N 的每个集合给出一个名字。我们将这个依赖于我们正规模型的语言称为 $\mathcal{L}(M)$ ——它依赖于我们的初始模型 M。$\mathcal{L}(M)$ 是谓词演算的一个扩充。它包括：

（i）常项 $\mathbf{a}_\eta$，对于 $\eta<\kappa$（命名 ω 的新子集 a_η）。

（ii）常项 $\mathbf{m}$，对于 $m \in M$（命名 M 的元素，M 为 N 的子集）。

（iii）逻辑符号 $\neg$，& 和 $\exists$（其他逻辑符号可定义出来）。

（iv）变项 v，w，...。

（v）二元谓词符号 ε，$\equiv$（分别是属于关系和等于关系）。

（ⅵ）$\exists_\alpha\{-:\ldots\}_\alpha$，对 M 中的每个序数 α。（$\exists_\alpha$ 是指 N 中存在具有所要求的性质的复杂度小于 α 的东西，$\{-:\ldots\}_\alpha$ 是指具有那个性质的层级小于 α 的东西的集合。）

仅需 $\exists_\alpha$ 和 $\{-:\ldots\}_\alpha$ 的简单扩充，就可以用 $\mathscr{L}(M)$ 中的句子定义任一谓词演算。模型 N 能使它之中的每个集合由上述列表中给出的项来命名，有些集合可能会有多个名字，但这无关紧要。

利用上述这些符号并且依照下述的方式，就可以形成 $\mathscr{L}(M)$ 的项。同时给每个项都指派一个 M 中的序数作为它在圆锥中的层级，以说明由项命名的 N 的集合的最大复杂度。

（ⅰ）每个常项是一个项，$\mathbf{a}_\eta$ 的层级为 1；对于 $m\in M$，常项 $\mathbf{m}$ 的层级是 M 中集合 m 的复杂度。

（ⅱ）$\{v:\psi(v)\}_\alpha$ 是一个项，只要 ψ 中包含 $\exists_\beta$ 和 $\{-:\ldots\}_\beta$，仅对 $\beta<\alpha$。但不包含 $\exists$。这个项的层级为 α。（对 ψ 的限制是为了在建立 α 层级的项时，仅需要知道层级低于 α 的事物。）

现在我们必须考虑，如果 N 可以成为集合论的模型之一，那么对新集合 a_η 需要进行哪些限制？此外，假如我们知道

$5 \in a_{37}$ 或 $11 \notin a_3$，那么 N 中还需要哪些事实？基于这些考虑，我们得到下面的定义：

定义：条件 p 是有序三元组 $<n, \eta, i>$ 的有穷相容集合，其中 $n<\omega$，$\eta<\kappa$，$i=0, 1$。"相容"是指，如果 $<n, \eta, 0> \in p$，那么 $<n, \eta, 1> \notin p$，反之亦成立。

每个条件 p 都可以看作对 N 的一些信息进行编码。如果 $<n, \eta, 0> \in p$，则这意味着 $n \in a_\eta$。如果 $<n, \eta, 1> \in p$，则 $n \notin a_\eta$。如果 q 是另一个条件，且 $p \subseteq q$，那么 q 所给的信息就比 p 所给的多。这种情况，我们称作 q 扩充 p。

编码于条件 p 中的信息会导致更复杂的事物在 N 中成立。因为我们能用 $\mathcal{L}(M)$ 来谈论 N，所以可以定义条件 p 与 $\mathcal{L}(M)$ 中语句 ψ 的关系。当然，这一点的成立基于编码于 p 的信息使得 ψ 对 N 的谈论为真。

上述关系记为 $p \Vdash \psi$，读作 "p 力迫（force）ψ"：

（i）$p \Vdash \mathbf{n} \, \varepsilon \, \mathbf{a}_\eta$，当且仅当，$<n, \eta, 0> \in p$。（前面提到，我们希望 $n \in a_\eta$，仅当 $<n, \eta, 0> \in p$）。

（ii）$p \Vdash \mathbf{l} \, \varepsilon \, \mathbf{m}$，当且仅当，$l \in m$，$m$ 在 M 中。

（iii）$p \Vdash \mathbf{l} \equiv \mathbf{m}$，当且仅当，$l = m$，对于 M 中的 l 和 m。（之所以需要这两个条件，是由于我们希望

$M \subseteq N$，又不想影响到 M 中元素的属于或等于关系。）

（iv）另外还有一些条件，用于解决 $\mathcal{L}(M)$ 中其他基本公式。但它们有些复杂，在此就不一一列举了。

（v）$p \Vdash (\psi \& \theta)$，当且仅当，$p \Vdash \psi$ 并且 $p \Vdash \theta$。

（vi）$p \Vdash \exists v (\psi(v))$，当且仅当，$p \Vdash \psi(t)$，对于某些项 t。（换句话说，p 使得 $\exists v (\psi(v))$ 成立，仅当 p 使得某些集合具有性质 ψ。）

（vii）$p \Vdash \exists_a v (\psi(v))$，当且仅当，$p \Vdash \psi(t)$，对于某些层级低于 α 的项 t。[就（vi）来说，除了 N 中具有性质 ψ 的集合，其余集合的层级一定低于层级 α。]

（viii）$p \Vdash \neg \psi$，当且仅当，对于所有扩充 p 的 q，$q \Vdash \psi$ 不成立。（这是最有趣的情况。我们不能说，$p \Vdash \neg \psi$，当且仅当，$p \Vdash \psi$ 不成立。p 可能无法力迫 ψ，因为 p 的信息并不足以形成 ψ。我们希望 p 力迫 $\neg \psi$，也就是无论附加多少信息，ψ 仍不会被力迫出来。）

接下来举例说明上述定义的作用。$p \Vdash \neg (\mathbf{n} \varepsilon \mathbf{a}_\eta)$，当且仅当，$<n, \eta, 1> \in p$。所以，如果 $<n, \eta, 1> \in p$，没有扩充 p 的

q 使得 <n, η, 0>∈q，并且没有扩充 p 的 q 可以力迫 **n** ε **a**$_\eta$。因此有 $p \Vdash \neg$（**n** ε **a**$_\eta$）。

另一方面，假设 <n, η, 1>∉p。假设 $q = p \cup \{$<n, η, 0>$\}$。作为一个条件，q 是相容的且有穷的（因为 p 是有穷的）。由于 <n, η, 0>∈q，我们有 $q \Vdash$ **n** ε **a**$_\eta$，根据第（viii），有 $p \Vdash \neg$（**n** ε **a**$_\eta$）。

现在我们要找到一个条件集合 G，使得编码于 G 中条件的信息足以确定之前所有在 N 中为真的东西，尽管我们还不知道 N 是什么。

也就是说：

（a）对于 $\mathcal{L}$（M）中的每个句子 ψ，存在 $p \in G$，使得 $p \Vdash \psi$ 或者 $p \Vdash \neg \psi$。显然，G 一定是相容的，也就是说：

（b）根据 G 以及句子 ψ，$\mathcal{L}$（M）中没有这样的 p 和 q，使得 $p \Vdash \psi$ 并且 $q \Vdash \neg \psi$。

如果条件集 G 有上述性质（a）和（b），则称为兼纳集（generic set）。事实证明，兼纳集确实存在（这是唯一一处使用 M 是可数的这一事实）。

选定一个兼纳集 G，作为一个特定集合，用它对 $\mathcal{L}$（M）中的每个项都给出一个解释。最后，集合 N 将是所有这些解释的集合。（因此，t 是其解释的名称。）对于每个项 t，I 如下定义了 t 的解释 $I(t)$：

（i）$I(\mathbf{a}_\eta) = a_\eta = \{n \in \omega: \exists p \in G \ (<n, \eta, 0> \in p)\}$。（因此，$a_\eta$ 就是数字 n 组成的集合，且 G 中为 n 编码的条件 p 应当属于 a_η。）

（ii）$I(\mathbf{m}) = m$，对于 M 中的每个 m。（因为我们通常把 $\mathbf{m}$ 看作 m 的名称。）

（iii）对于每个层级低于 α 的项 t，如果已知 $I(t)$，那么，$I(\{v: \psi(v)\}_\alpha) = \{I(t): t$ 是层级低于 α 的项，并且 $\exists p \in G (p \Vdash \psi(t))\}$。

［因此，$\{v: \psi(v)\}_\alpha$ 解释为层级低于 α 的那些事物构成的集合具有性质 ψ，其中 G 中的某些 p 力迫（它们的名称）α。］现在令 N 为所有解释的汇集。如果可以将 ε 和 $\equiv$ 分别解释为 $\in$ 和 $=$，我们的证明就大功告成了。

定理（柯恩真值引理）：在这种解释下，$\mathscr{L}(M)$ 中句子 ψ 在 N 中为真，当且仅当，$p \in G$，使得 $p \Vdash \psi$。

现在来看结构 $<N, \in>$，会发现一些惊人之处。可以总结为下面的定理。

定理（柯恩）：（i）$<N，\in>$ 是 ZF 的一个模型；（ii）$<N，\in>$ 的序数和基数与 $<M，\in>$ 的序数和基数相同；（iii）$<N，\in>\vDash 2^{\aleph_0} \geqslant \kappa$。

如前所述，这个定理是成立的，因为 M-人能理解并记下力迫的定义。上述真值引理证明了关于 N 的问题可被归结为关于 M 的问题。而 M 是一个集合论的模型，在 M 那里总能找到答案。

第（iii）部分不像其他两部分那么困难。证明 a_η 都不相同实际上并不困难，即如果 $\eta \neq \zeta$，那么 $a_\eta \neq a_\zeta$。所以我们有 κ 个 ω 的不同子集，并且 $2^{\aleph_0}$ 一定至少为 κ。如果取 $\kappa = \aleph_2$（或 $\kappa = \aleph_n$，对任一有穷 n），那么，有 $<N，\in>\vDash 2^{\aleph_0}=\kappa$。因此我们可以有一个集合论的模型满足 $2^{\aleph_0}=\aleph_2$。并且，如此的任一模型都足以从 ZF 系统中建立连续统假设的独立性。

推荐读物

若要彻底解决本书所涵盖的那些主题，需要相当深奥的数学知识，下列读物都十分难读（这也是我们写这本书的原因之一）。

	章
E. J. Lemmon, *Beginning logic*. （Nelson 1965）	二
G. T. Kneebone, *Mathematical logic and the foundation of mathematics*. （van Nostrand 1963）	一、二、四、五、六
R. R. Stoll, *Set theory and logic*. （W. H. Freeman 1963）	二、五

（续表）

	章
A. Margaris, *First order mathematical logic.* （Blaisdell 1967）	二
J. W. Robbin, *Mathematical logic: a first course.* （Benjamin 1969）	二、五
A. I. Mal'cev, *Algorithms and recursive functions.* （Wolters-Noordhoff 1970）	四
R. C. Lyndon, *Notes on logic.* （van Nostrand 1966）	二、五
J. R. Shoenfield, *Mathematical logic.* （Addison-Wesley 1967）	一、六
E. Mendelson, *Introduction to mathematical logic.* （van Nostrand 1964）	二、五
P. J. Cohen, *Set theory and the continuum hypothesis.* （Benjamin 1966）	五、六

索　引